面向对象程序设计与C++语言基础

李 可 主编

山 东 大 学 出 版 社
·济南·

图书在版编目(CIP)数据

面向对象程序设计与C++语言基础/李可主编. —济南：山东大学出版社，2020.12

ISBN 978-7-5607-6803-8

Ⅰ. ①面… Ⅱ. ①李… Ⅲ. ①C++语言—程序设计 Ⅳ. ①TP312.8

中国版本图书馆 CIP 数据核字(2020)第 235698 号

策划编辑　宋亚卿
责任编辑　宋亚卿
封面设计　午　云

出版发行　山东大学出版社
社　　址　山东省济南市山大南路 20 号
邮政编码　250100
发行热线　(0531)88363008
经　　销　新华书店
印　　刷　山东新华印务有限公司
规　　格　787 毫米×1092 毫米　1/16
　　　　　16.5 印张　390 千字
版　　次　2020 年 12 月第 1 版
印　　次　2020 年 12 月第 1 次印刷
定　　价　45.00 元

前 言

《面向对象程序设计与C++语言基础》系统讲述面向对象程序设计方法及C++语言的基础知识。面向对象程序设计是当前软件开发的主流方法，其特点是将对象作为程序的基本单元，将程序和数据封装其中，以提高软件的重用性、灵活性和扩展性。C++是面向对象程序设计方法中最有代表性的编程语言。学习C++语言有助于深刻理解并掌握面向对象程序方法的精髓，提高大型应用程序的设计开发能力。

本书是在主编十余年程序设计教学实践的基础上编写而成的。该书注重将实际应用和理论知识相结合，尽量避免枯燥的理论讲授，通过使用大量的具有代表性、实用性和趣味性的程序实例和综合案例分析来帮助读者掌握理论知识，指导读者进行编程实践，使读者在典型例题中尽快掌握C++语言规则和面向对象的编程开发技术。本书还融入了大量最新的C++语言特性，包括 auto 关键字、智能指针和新增容器等内容，使读者在掌握经典C++语言规则的基础上，学习最新的C++语言编程技术。

本书共分为十六章，其中，第一章是程序设计方法学和C++语言概述；第二章介绍C++基本数据类型和表达式，包括C++程序结构与流程、变量与类型、运算符和限定符等内容；第三章介绍C++程序控制结构，包括顺序结构、分支结构、循环结构和转向结构等内容；第四章介绍数组，包括一维数组、二维数组、高维数组、字符数组和字符串，并介绍数组的应用；第五章介绍指针与引用，包括指针的定义与使用、指针与数组、指针与字符串、动态存储分配以及引用的相关知识；第六章介绍结构体与共用体的有关内容，重点讲述如何用结构体解决复杂数据结构问题；第七章介绍函数，包括函数的定义与调用、函数的参数、函数重载、函数的递归调用、内联函数、标识符作用域与变量的存储特性等；第八章介绍类与对象，包括对象与类的定义、对象的使用、类的作用域等内容；第九章介绍构造函数与析构函数，包括构造函数、析构函数、this 指针等内容；第十章介绍标准库的容器和算法，包括顺序容器、关联容器、泛型算法等内容；第十一章介绍类的继承，包括类的单继承机制、单继承中的构造函数与析构函数等；第十二章介绍多继承与虚基类，包括多继承、虚基类、友元函数等；第十三章介绍多态，包括多态和虚函数、虚函数的细节、纯虚函数和抽象类等；第十四章讲述输入输出流，内容涉及初识输入和输出、文件的输入和输出、字符串流等；第十五章介绍运算符重载，包括运算符重载的概念、运算符重载的方法等；第十六章介绍模板与异常，内容包括函数模板、类模板、异常处理等。

本书既可以作为高等院校计算机、自动化、生物医学工程、智能医学工程等信息类相关专业"面向对象程序设计"课程的教材，也可作为广大计算机应用人员和面向对象程序设计爱好者的自学参考书。

本书由李可任主编，郝再军任副主编，张剑红、林磊同、康湘莲、崔希、李金萍、张娜、吕亚东、李郑振、马纪德、刘孟杰为编委会成员。本书编程题目的答案可以从网站(https://github.com/rehabsdu/CppBasicAnswer)上免费获取。

本书受山东大学教学改革项目"面向对象程序设计课程的知识—能力—价值'三位一体'教学模式改革探索"(2019Y117)、山东大学控制科学与工程学院首批"名师精品课"项目支持。本书在编写过程中得到了山东大学出版社的大力支持和帮助，在此表示衷心的感谢。

由于编写时间仓促，加之作者水平有限，书中难免存在疏漏和不足之处，恳请广大读者批评指正。对本书的意见和建议请通过电子邮件 kli@sdu.edu.cn 反馈给我们，谢谢！

编　者

2020 年 12 月

目　录

第一章　概　述

编程语言是指计算机可以理解和遵循的指令集。初始设计的编程语言就是在助记形式与机器语言指令之间建立一一对应关系。通俗地讲，编程语言就是与计算机对话，让计算机按照我们的描述去执行任务。学习编程语言的最好方法便是学习程序设计。

回顾计算机技术的发展历程，可以发现计算机的发展一直是围绕着程序设计这个中心课题进行的。毫不夸张地说，程序设计处于计算机科学的中心，也处于计算机科学课程体系的中心。新型计算机本身的设计也可以归结为使用高级硬件描述语言的"程序设计"。程序设计作为信息科学的一个基本知识与技能，是现代人所具备的知识框架里必不可少的组成部分。学习程序设计不仅能够快速地适应企业数据化、智能化的发展趋势，同时也能为自己打开更多的发展通道，使自己具有良好的资源整合能力。从现在到未来相当长的一段时间内，程序设计会是一种大热趋势。

程序设计语言作为一种告诉计算机去做什么的工具而不断演化，程序员也可以简单地把它定义为一种表述算法的工具。本章我们将介绍程序、程序设计、程序设计语言、C++语言的产生和发展以及 Visual C++的应用等。

第一节　程序设计方法学

一、程序与程序设计

程序与程序设计是计算机的必要组成部分。程序是为实现特定目标或解决特定问题而用计算机语言编写的命令序列的集合，它往往是针对某些要解决的问题和任务而编写的。例如，可用程序描述以下问题：有两个数据 a 和 b，它们的值分别为 1 和 2，求这两个量的和 c。此问题用程序可描述为"a=1;b=2;c=a+b;"。可以看到，这里是通过3 条语句来完成的。它们的意义是：(1)将数值 1 赋给 a;(2)将数值 2 赋给 b;(3)计算 a+b 的和并将结果赋给 c。a、b、c 被称为该程序的 3 个变量。

我们编写的程序主要由两个方面组成：

(1)算法的集合：就是将指令组织成程序来解决某个特定的问题。

(2)数据的集合：算法在这些数据上操作，以提供问题的解决方案。

纵观短暂的计算机发展史，这两个主要方面（算法和数据）一直保持不变，发展演化的是它们之间的关系，就是所谓的程序设计方法（programming paradigm）。程序设计是指在计算机上使用可执行的程序代码来有效地描述特定问题并执行解决算法的过程。程序是人类思维火花的实现定格，呈现出静态特征；而作为产生程序的过程，程序设计却是动态的，它反映了人类思维的规律和模式。

程序与程序设计技术可以应用到的场景很多，比如数据分析、产品设计、智慧办公及软件设计等，尤其是软件的应用，更是呈现出一种百花齐放的状态。

软件是计算机程序、所要求的文档资料和在计算机上运行时所必需的数据的总和。程序是软件的重要组成部分，软件的质量主要通过程序的质量来体现，因此，程序设计在软件开发过程中占有十分重要的地位。而软件开发过程中带来的软件危机则促使编程方法发生了重大变革，使程序设计形成了由面向计算到面向过程再到面向对象的发展特点。

二、程序设计方法学的发展

面向计算的程序设计技术是程序设计的初级阶段。现代的计算机由多种部件构成，核心部件主要是中央处理单元（CPU），CPU 的基本工作是执行存储的指令序列，即程序。程序的执行过程实际上是不断地取出指令、分析指令、执行指令的过程。

人们最早使用的程序设计语言是机器语言。机器语言是一组由许多二进制数 0 和 1 组成的指令码。用机器语言编写程序时，程序员需要自己处理每条指令和每一种数据的存储分配以及输入和输出。牢记编程过程中每一步所使用的工作单元处在何种状态，对于程序员来说，是一件非常耗时、耗精力的任务，而且编出的程序全是由 0 和 1 组成的指令代码，不仅可读性、直观性差，而且还非常容易出错。

因此，很快就出现了用简单的英文字母组合来代替二进制指令的语言——汇编语言。用汇编语言编写的程序叫作汇编语言源程序，简称“源程序”。源程序经过汇编后会产生计算机能直接执行的机器语言程序。汇编语言是直接在硬件之上工作的编程语言，它的主体是汇编指令。汇编语言和机器语言的差别在于指令的表示方法。汇编语言是机器指令便于记忆的书写格式，它是机器指令的助记符。

下面以一个例子，来直观地说明机器语言和汇编语言的不同。

机器语言：1000100111011000

操作：将寄存器 BX 中的内容发送到 AX 中

汇编语言：MOV AX，BX

可以看到，汇编语言的表达更直观，内容更符合人的记忆习惯。随着计算机程序设计语言的进一步发展，出现了与具体的计算机硬件系统无关的、着重于描述解决问题的算法过程的语言。这种语言接近于人类的自然语言和数学公式的表达方式，且与机器的具体型号无关，称为高级语言。相对于高级语言，人们称二进制机器语言和汇编语言为低级计算机程序设计语言。

随着计算机的普及，软件数量和规模急剧膨胀，产生了程序质量低下、开发维护困难、需求变更难以实现、成本激增等一系列软件危机问题，于是，20 世纪 70 年代，面向过程的程序设计就出现了，也被称为“结构化程序设计”(structure programming)。

在结构化程序设计方法中，一个问题可直接由一组算法来建立模型。Fortran、C和Pascal是三种著名的过程语言，C++也支持结构化程序设计。结构化程序设计方法主要实现两个方面的问题：程序的模块化设计和结构化编码。模块化设计就是将一个复杂问题，自上往下逐步细化，形成多层次的多个相对比较简单的功能模块，这样就使问题的解决变得层次清晰简单容易了。所谓结构化编码，就是对每个小模块中的每个逻辑功能，用几种简单的基本结构进行描述。

结构化程序设计的基本思想是“自顶向下、逐步求精、模块化”。它的程序结构是按照功能划分为基本的模块，形成一个树状结构(见图1.1)。各模块之间的关系应尽可能简单，功能上应相互独立；每一个模块内部均由顺序、选择和循环三种基本结构组成，其模块化实现的具体方法是使用子程序。

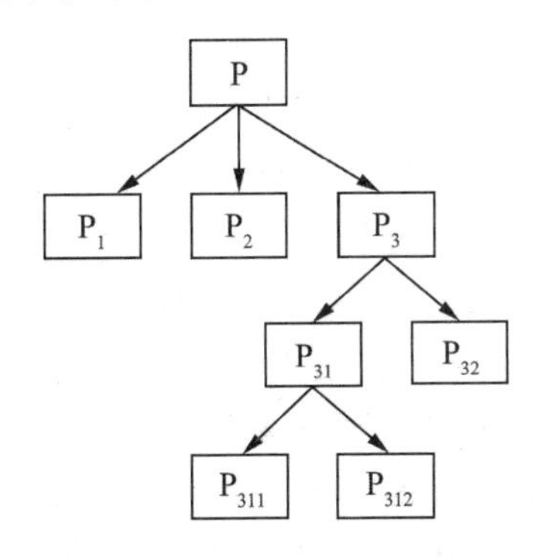

图1.1　结构化程序设计的树状图(P是主程序)

结构化程序设计是一种以功能为中心的面向过程的程序设计方法，它有效地将一个较复杂的程序系统设计任务分解成许多易于控制和处理的子任务，具有层次分明、易编、易读和易修改的特点，从而有利于提高编程的效率和质量。这种方法在软件开发中至今仍占有重要的地位。

由于结构化的程序设计把数据和过程分成了相互独立的实体，当数据结构改变时，所有相应的处理过程都要进行相应的修改，这样无疑增大了程序维护的难度。所以它的缺点也很明显：可重用性差、数据安全性较差、难以开发和维护大型软件和图形界面的应用软件。

由于软件的规模、复杂度不断增加，并且软件升级改版维护的时间间隔越来越短，落后的软件生产方式无法满足迅速增长的计算机软件需求，产生了一系列软件危机问题：“已完成”的软件不满足用户的需求，软件开发的进展情况较难衡量，软件开发的成本难以准确估算，软件产品的质量没有保证。面对这些问题，在20世纪70年代，程序设计的焦点从过程化程序设计方法转移到了抽象数据类型(abstract data type)的程序设计上，现在通常称之为基于对象(object based)的程序设计。在基于对象的程序设计方法中，我们通过一组数据抽象来建立问题的模型，在C++中我们把这些抽象称为类(class)。

面向对象的程序设计方法通过继承(inheritance)机制和动态绑定(dynamic binding)

机制扩展了抽象数据类型:继承机制是对现有实现代码的重用,动态绑定机制是对现有公有接口的重用。

面向对象程序设计的特征有:

对象(object):对象是对客观世界事物的描述,是由数据和对这些数据进行操作的代码所构成的实体,它是构成系统的一个基本单元。一个对象由一组数据(属性)和方法(操作或功能)组成。面向对象语言把对象的属性分为三种:公有的(public)、保护的(protected)和私有的(private)。在面向对象的方法中,数据与操作数据的方法是结合在一起的。这种结合称为封装。对象属性和方法的对外不可访问性,称为数据隐藏。

类(class):类是对一组对象的抽象。或者说,类是对一组对象的相同数据和方法的定义或描述。

继承(inheritance):继承是面向对象方法的一个特征。所谓继承,就是由一个类获得另一个新类的过程,在这个新类中包含(继承)了前一个类的某些特性,增加了某些自己特有的特性。使用继承的概念后,大多数的知识都可通过继承来获得。

多态性(polymorphism):不同对象针对同一种操作会出现不同的行为,多态和继承密切相关,通过继承产生不同的类,这些类分别对某个成员函数进行了定义,这些类的对象调用该成员函数时作出不同的响应,执行不同的操作,实现不同的功能。

面向对象程序设计把数据和函数封装成类,数据与操作联系在一起,便于程序的修改和调试;程序模块间的关系更为简单,程序模块的独立性、数据的安全性有了良好的保障;通过继承与多态性,可以大大提高程序的可重用性,使得软件的开发和维护都更为方便。

面向对象的典型语言包括 Java、C# 等,在 C 语言的基础上,C++进一步扩充和完善了 C 语言,成为一种面向对象的程序设计语言,提出了一些更为深入的概念。C++是一种支持多种程序设计方法的语言,虽然我们主要把它当作面向对象的语言,但实际上它也提供对过程化的和基于对象的程序设计方法的支持。它所支持的这些面向对象的概念容易将问题空间直接地映射到程序空间,为程序员提供了一种与传统结构程序设计不同的思维方式和编程方法,因而也增加了整个语言的复杂性,掌握起来有一定难度。

第二节　C++语言概述

一、C++的特性

“有计算机的地方,就有程序设计;有程序设计的地方,就有 C 语言”。C++作为一种通用程序设计语言,既可用于面向过程的结构化程序设计,又可用于面向对象的程序设计,是一种功能强大的混合型的程序设计语言。

据统计,目前世界上支持面向对象程序设计的语言已经近百种,比如,Pascal、Ada、COBOL、Fortran 等,目前最热的 Internet 编程语言 Java 也是由C++语言衍生脱胎而成的。在众多面向对象的语言之中,C++语言能够获得成功并不是偶然的。

C++语言非常适合编写大型程序,能够满足复杂软件不断增长的需求。对于程序员来说，C++语言是一种能够组织、定义和处理数据的工具，它的出现提供了组织和简化这些大型程序的机制，使程序员能够有选择地使用，并针对其设计的软件制定规则。

C++语言具有以下特点：

(1)是一种开放的 ISO 标准化语言。1998 年，美国正式发布了C++语言的国际标准 ISO/IEC 14882：1998。

(2)是一种编译语言。C++语言可以直接被编译为机器的本机代码，进行优化之后可以成为世界上最快的语言之一。

(3)支持隐式和显示类型。从"C++11 标准"开始，C++语言同时支持隐式和显示类型，从而提供了灵活性。

(4)支持静态和动态类型检查。C++语言允许在编译或运行时检查类型转换，从而提供了另一种灵活性。

(5)提供了许多范式选择。C++语言在通用和面向对象的编程范式上提供了出色的支持。

C 语言和C++语言的主要区别是，C++语言支持许多附加特性。但是，C++语言中有许多规则与 C 语言稍有不同。这些不同使得 C 语言程序作为C++语言程序编译时可能以不同的方式运行或根本不能运行。

二、const 限定符

在 C 语言中，全局的 const 具有外部链接，但是在C++语言中，const 具有内部链接。也就是说，C++语言中的声明"const double PI＝3.14159;"相当于 C 语言中的声明"static const double PI＝3.14159;"。假设这两条声明都在所有函数的外部。C++语言规则是为了在头文件中更加方便地使用 const。如果 const 变量是内部链接，每个包含该头文件的文件都会获得一份 const 变量的备份；如果 const 变量是外部链接，就必须在一个文件中进行定义式声明，然后在其他文件中使用关键字 extern 进行引用式声明。

三、枚举

C++语言使用枚举比 C 语言严格，它引进了 enum class 防止枚举对于名称空间的污染。特别是，它只能把 enum 常量赋给 enum 变量，然后把变量与其他值进行比较；不经过显式强制类型转换，不能把 int 型值赋给 enum 变量，也不能递增一个 enum 变量。

四、指向 void 的指针

C++语言可以把任意类型的指针赋给指向 void 的指针，这点与 C 语言相同。但是与 C 语言不同的是，只有使用显式强制类型转换才能把指向 void 的指针赋给其他类型的指针。

五、结构和联合

声明一个有标记的结构或联合后，就可以在C++语言中使用这个标记作为类型名。例如：

```
struct duo
{
    int a;
    int b;
};
struct duo m;                              // C 语言和C++语言都可以
duo n;                                     // C 语言不可以,C++语言可以
```

在 C 语言和C++语言中,都可以在一个结构的内部声明另一个结构:在 C 语言中,随后可以任意使用这些结构,但是在C++语言中使用嵌套结构时要使用一个特殊的符号。

C++语言从 C 语言中继承了其独有的为程序员所喜爱的简明高效的表达式形式;比较容易地解决了目标代码高质量、高效率的问题;可以与 20 世纪 80 年代以来的大批 C 语言程序软件兼容,这些软件可以在C++语言环境下继续维护使用。

除此之外,C++语言还同时具备语言简洁、执行效率高、语法丰富、功能强大和可移植性好等优点。在计算机领域,C++语言可以写网站后台程序,写 GUI(图形用户界面),设计大型游戏引擎,写操作系统和驱动程序等,而任何设备只要配置了微处理器,就都支持C++语言。因此,C/C++语言仍是目前应用最为广泛的程序设计语言之一。

六、C++语言的产生和发展

1. C++语言的产生和发展历程

(1)1983 年,贝尔实验室的本贾尼 • 斯特劳斯特卢普(Bjarne Stroustrup)博士及其同事开始对 C 语言进行改进和扩充,将"类"的概念引入了 C 语言,构成了最早的C++语言。C 语言中的++运算符是用于递增变量的运算符,C 语言在此时添加了许多新功能,其中最引人注目的是虚函数、函数重载、带有 & 符号的引用、const 关键字等。

(2)1985 年,Stroustrup 引用了名为"C++编程语言"的语言。此时,该语言尚未正式标准化。

(3)1992 年,Microsoft 公司推出了 Visual C++第一代版本,可同时支援 16 位处理器与 32 位处理器版。

(4)1998 年,美国国家标准化协会(ANSI)和国际标准化组织(ISO)一起进行了标准化工作,正式发布了C++语言的国际标准 ISO/IEC 14882:1998。

(5)2011 年,新的C++标准完成。Boost 库项目对新标准产生了相当大的影响,新标准中的一些新模块直接来自相应的 Boost 库。一些新功能包括正则表达式支持、全面的随机库、新的C++语言时间库、原子支持、标准线程库、一种新的 for 循环语法、auto 关键字、新的容器类、对联合和数组初始化列表以及可变参数模板等。

C++语言继承了 C 语言家族的优良传统,让程序员能够在底层对计算机性能进行精准的控制。如今C++语言逐渐受到业内人士的欢迎,经常被用于编写软件以解决棘手的复杂问题。C++语言已登上了现代编程的中心舞台。

2. C++编译器历史上的主要事件

(1)1983 年,“C with class”正式改名为“C++”,在“C with class”阶段,研制者在 C 语言的基础上加进去的特征主要有类及派生类、共有和私有成员的区分、类的构造函数和析构函数、友元、内联函数、赋值运算符的重载等。

(2)1985 年 10 月,Cfront Release 1.0 版本发布,并添加了一些重要特征,如虚函数的概念、函数和运算符的重载、引用、常量(constant)等。

(3)1989 年,C++2.0 版本发布,形成了更加完善的支持面向对象程序设计的C++语言,新增加的内容包括类的保护成员、多继承、对象的初始化与赋值的递归机制、抽象类、静态成员函数、const 成员函数等。

(4)1993 年,C++3.0 版本发布,其中最重要的新特征是模板(template)。此外,该版本还解决了多继承产生的二义性问题和相应的构造函数与析构函数的处理等。

(5)1998 年,“C++98 标准”(正式名称为 ISO/IEC 14882:1998)得到了国际标准化组织(ISO)和美国标准化协会(ANSI)的批准。这是C++的第一个官方标准。

(6)2003 年,“C++03 标准”(正式名称为 ISO/IEC 14882:2003)发布。

(7)2011 年,“C++11 标准”(正式名称为 ISO/IEC 14882:2011[20])发布。C++的改进主要表现在:对C++核心语言的运行期进行了强化,使用性能得到了加强,核心语言能力得到了大幅提升。C++11 出来之后,增强的语言机制和大为完善的标准库,为C++语言的编程风格带来了革命性的变化。如果能够纯熟地运用C++11 的新特征、新机制,那么就能够形成一种简洁优雅的C++语言编程风格,以比以前更高的效率、更好的质量进行软件开发。C++11 对于C++98 而言,不是一次简单的升级,而是一次本质的跃升。

(8)2014 年,“C++14 标准”(正式名称为 ISO/IEC 14882:2014)发布。C++14 是C++11 的增量更新,主要支持普通函数的返回类型推演、泛型 lambda、扩展的 lambda 捕获、对 constexpr 函数限制的修订、constexpr 变量模板化等。

(9)2017 年,“C++17 标准”(正式名称为 ISO/IEC 14882:2017)发布。C++17 是继C++14 之后 C++ 编程语言 ISO/IEC 标准下一次修订的非正式名称。

(10)2020 年,“C++20 标准”发布。C++20 是近十年来影响最大的一个版本,其新特性众多,包括模组(modules)、协程(coroutines)、视图(view)等。

表 1.1 列出了C++历年的标准及正式名称。

表 1.1 C++历年的标准及正式名称

年份	C++标准	正式名称
1998	ISO/IEC 14882:1998	C++98
2003	ISO/IEC 14882:2003	C++03
2011	ISO/IEC 14882:2011	C++11
2014	ISO/IEC 14882:2014	C++14
2017	ISO/IEC 14882:2017	C++17
2020	Yet to be determined	C++20

第三节 Visual C++开发环境介绍

一、Visual C++简介

Microsoft Visual C++是微软公司于 1992 年推出的一款C++开发工具，具有集成开发环境，可编辑 C、C++以及C++/CLI 等编程语言。所谓开发环境，是集成了源代码编辑、编译、连接、调试等功能的一个综合程序。Visual C++是一个集成了 Microsoft 环境的 C++编译器的名称，它由 Microsoft 公司推出，是功能最强大，也是最复杂的程序设计工具之一。

Visual C++包括简化大型应用程序开发的特殊工具以及提高生产力的特定库。该开发环境提供了优秀的代码编辑功能，同时提供了编译链接程序，在该开发环境中，输入完源代码，可立即编译运行，并且可以参照代码进行调试。它的常用版本为 Visual C++ 6.0、Visual C++ 2008、Visual C++ 2012 等，最新版本是 Visual C++ 2019。

本书使用 Visual C++ 2019 community 作为开发环境。

Visual C++是基础科学研究、应用软件开发、高新科技创新中重要的程序设计工具，它承袭了 C 语言的底层操作能力，与其他计算机程序语言有良好的接口，编写代码非常方便高效，集成了 Debug 工具、微软 Windows 操作系统应用程序接口、三维动画 DirectX API 和 Microsoft. NET 框架等。

二、Visual C++的安装和启动

本教程适用于在 Windows 系统上进行安装，安装版本为 Visual Studio 2019。

步骤 1：确保你的计算机已准备好用于 Visual Studio 安装。

在开始安装 Visual Studio 之前，要进行如下工作：

(1)重启：重新启动可确保任何后台的安装或更新均不会妨碍 Visual Studio 的安装。

(2)释放空间：例如，通过运行磁盘清理应用程序删除不需要的文件和应用程序。如果你的计算机空间够用，则可以忽略这一步。

步骤 2：下载 Visual Studio。

下载 Visual Studio 引导程序文件（https://visualstudio. microsoft. com/zh-hans/vs/）。

步骤 3：安装 Visual Studio 安装程序(见图 1.2)。

首先在以下版本中选择所需的 Visual Studio 版本，然后选择“保存”→“打开文件夹”。

- vs_community. exe for Visual Studio Community(建议)
- vs_professional. exe for Visual Studio Professional
- vs_enterprise. exe for Visual Studio Enterprise

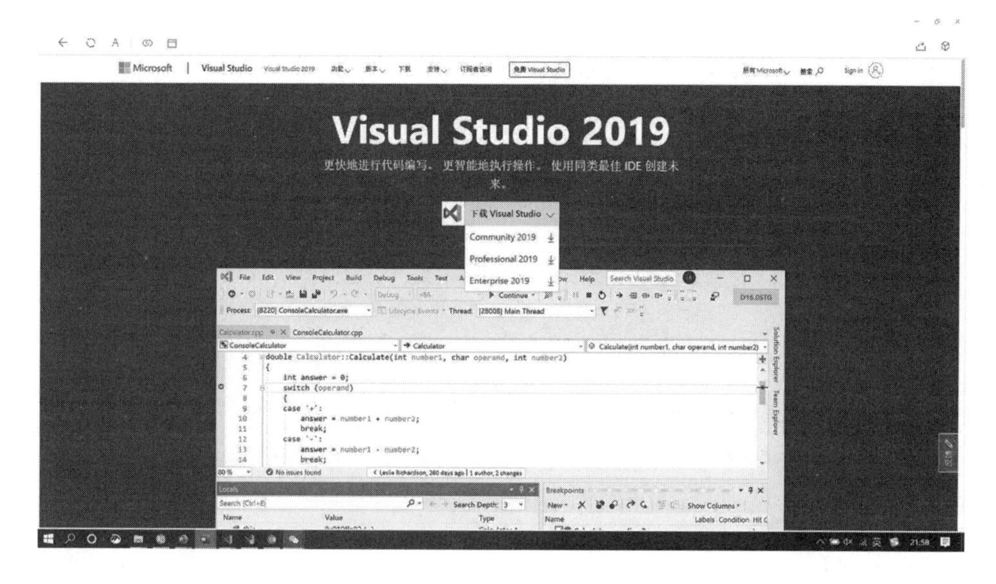

图 1.2　Visual Studio 2019 的安装界面

步骤 4:选择组件安装页面(见图 1.3)。

你可以进行自定义安装,选择工作负载和组件。

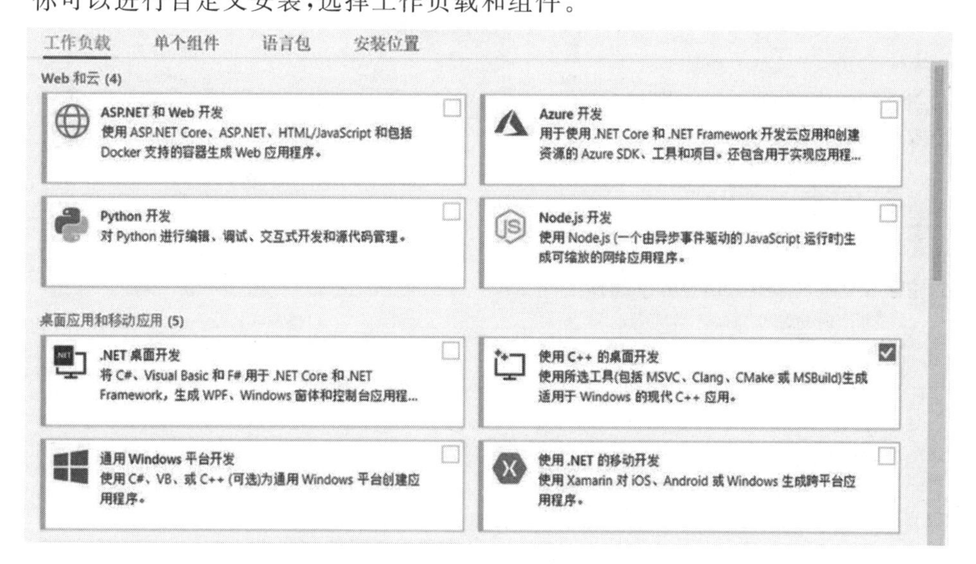

图 1.3　选择组件安装页面

对于核心 C++支持,请选择“使用 C++进行桌面开发”工作负载。它带有默认的核心编辑器,其中包括对 20 多种语言的基本代码编辑支持,无须项目即可实现从任何文件夹打开和编辑代码的功能以及集成的源代码控制。

最右侧“安装详细信息”窗格列出了每个工作负载安装的可选组件。你可以在此列表中选择或取消选择可选组件。选择所需的工作负载和可选组件后,单击“安装”按钮。

步骤 5:路径的更改选择。

将圈起来的盘符字母 C,替换成你想要放置的盘符即可(见图 1.4)。

工作负载　单个组件　语言包　安装位置

Visual Studio IDE

C:\Program Files (x86)\Microsoft Visual Studio\2019\Community　...　2.91 GB

下载缓存

C:\ProgramData\Microsoft\VisualStudio\Packages　...　1.88 GB

安装完成后保留下载缓存

共享组件、工具和 SDK

C:\Program Files (x86)\Microsoft Visual Studio\Shared　2.11 GB

系统缓存、工具和位置固定的 SDK　409 MB

图 1.4　路径的更改选择

步骤 6:安装完成。

图 1.5 所示为正在安装界面。

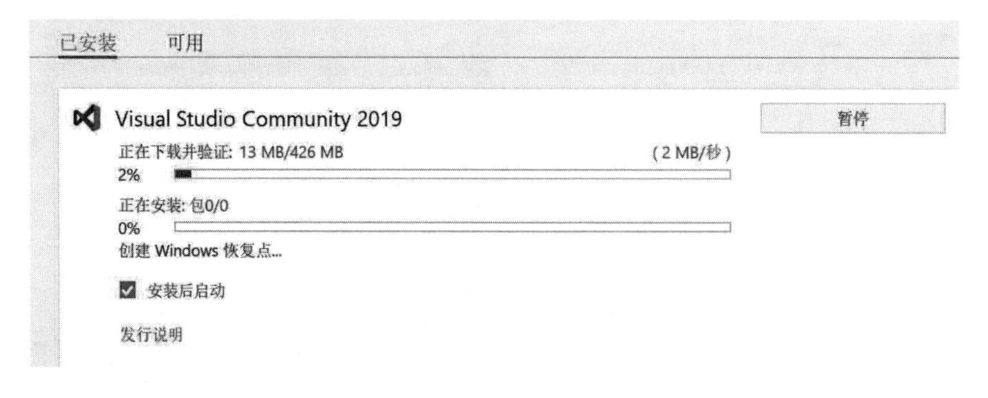

图 1.5　正在安装界面

Visual Studio 安装完成后,单击“启动”按钮就可以进行开发了。

三、Visual C++的配置和使用

1. 启动 Visual Studio 后，单击“创建新项目”后选择“空项目”(见图 1.6、图 1.7)

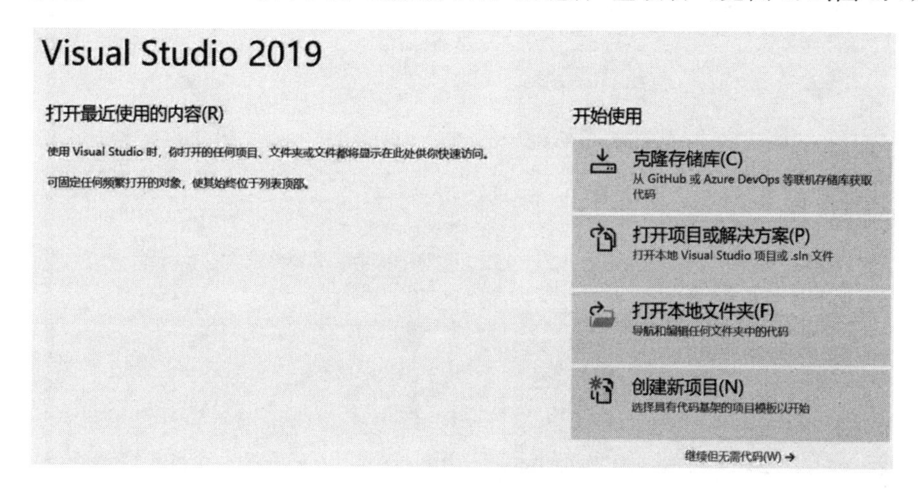

图 1.6　创建新项目

图 1.7　选择“空项目”

2. 在“解决方案”中右击源文件，选择添加新项目(见图 1.8)
在对话框里选C++文件，然后在这个文件里编写代码。

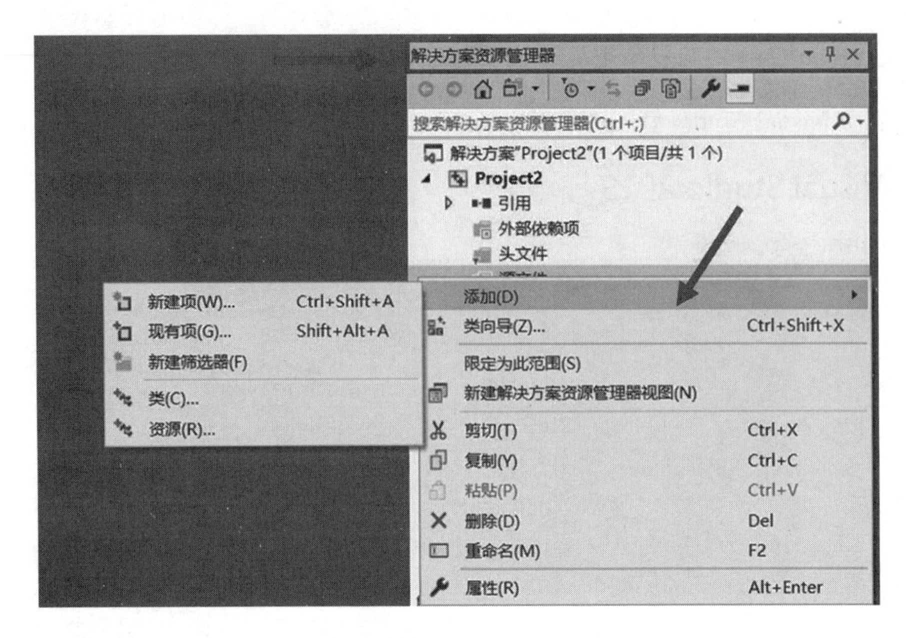

图 1.8　添加新项目

3. 集成开发环境介绍

集成开发环境主界面如图 1.9 所示。

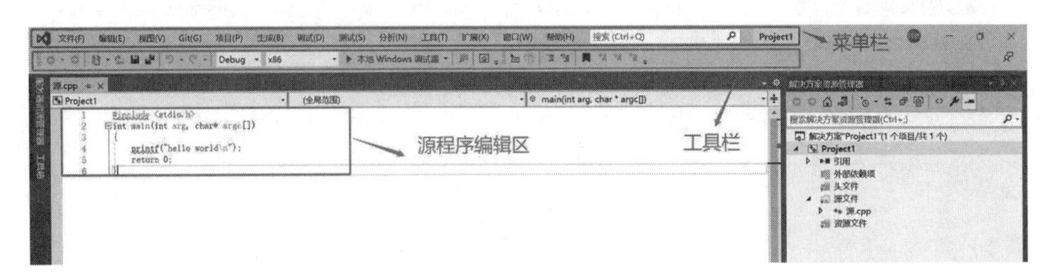

图 1.9　集成开发环境主界面

(1)菜单栏

菜单栏是 Visual C++的核心部分，所有的操作命令都可以在这些菜单中找到。默认的菜单栏相当于一个工具栏，因为它和工具栏一样可以被拖拽到开发环境的任意位置。

①文件菜单：文件菜单包括创建、打开和保存现有文件、项目以及退出开发环境等操作。

②编辑菜单：编辑菜单包括撤销编辑结果，或重复前次编辑过程，字符串查找和替换；编辑行定位和书签定位以及高级(一些其他编辑手段)。

③视图菜单：该菜单用于在 Visual Studio 2019 界面中显示不同的窗口。常用的窗口包括解决方案资源管理器、服务器资源管理器、SQL Server 对象资源管理器、错误列表窗口、输出窗口、工具箱窗口、属性窗口等。

a. 解决方案资源管理器用于管理在 Visual Studio 2019 中创建的项目。

解决方案资源管理器提供项目及其文件的有组织的视图，并且提供对项目和文件相关命令的便捷访问。与此窗口关联的工具栏提供适用于列表中突出显示的项的常用命令。若要访问解决方案资源管理器，请在视图菜单中选择“解决方案资源管理器”。

树视图是标准的“解决方案资源管理器”视图，它将活动解决方案呈现为一个或多个项目及其关联项的逻辑容器。从该视图中可以直接打开项目项进行修改和执行其他管理任务。由于不同项目存储项的方式不同，因此解决方案资源管理器中的文件夹结构不一定会反映出所列项的物理存储。

解决方案资源管理器可帮助执行下列操作：向解决方案中添加项目，添加项到项目，复制或移动项和项目，重命名解决方案、项和项目，删除、移动或卸载项目。

b. 服务器资源管理器用于管理数据库连接、移动服务、应用服务等。

c. SQL Server 对象资源管理器用于管理 Visual Studio 2019 中自带或其他的 SQL Server 数据库。

d. 错误列表窗口用于显示程序在编译或运行后出现的错误信息。

e. 输出窗口用于显示程序中的输出信息。

f. 工具箱窗口用于显示在 Windows 窗体应用程序或 WPF（Windows 呈现基础）应用程序、网站应用程序中可以使用的控件。

g. 属性窗口则用于设置项目或程序中使用的所有控件等内容的属性。

④生成菜单：该菜单的主要功能是生成解决方案，调试功能在程序运行调试时使用。

⑤测试菜单：该菜单用于对程序进行测试。

⑥分析菜单：该菜单用于分析程序性能。

⑦工具菜单：该菜单用于连接到数据库、连接到服务器、选择工具箱中的工具等操作。

⑧窗口菜单

a. 新建一个窗口，内容与当前窗口相同。

b. 分割当前窗口成四个，内容全相同。

c. 控制当前窗口是否成为浮动视图。

d. 保存、应用、管理、重置窗口布局。

(2)工具栏

工具栏中通常包括一些常用的操作（见图 1.10），右击工具栏，可以弹出相关的工具栏快捷菜单。

工具栏提供了对常用菜单命令的快速访问，用户可以通过单击工具栏中相应的图标按钮迅速执行菜单命令，从而大大提高工作效率。

Visual C++中的每个工具栏都由一组工具栏按钮组成，在工具栏上的任意位置右击，都会弹出一个菜单，该菜单列出了 Visual Studio 2019 提供的所有的标准工具栏。

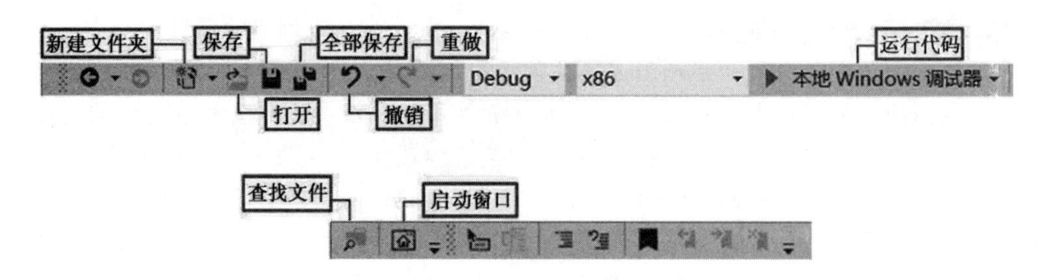

图 1.10　工具栏布局

(3)编辑器窗口

编辑器窗口用于显示当前编辑的C++程序文件及资源文件,用户可以在该窗口中对这些文件进行编辑。

(4)输出窗口

当编译、链接程序时,输出窗口会显示编译和链接的信息。如果进入程序调试状态,主窗口还将弹出一些调试窗口。

(5)代码编辑器

Visual C++提供的代码编辑器是一个非常出色的文本编译器,可用于编辑 C/C++头文件、C/C++程序文件、Text 文件和 HTML 文件等。当打开或建立上述类型的文件时,该编辑器自动打开。

Visual C++编译器除了具有复制、查找、替换等一般文本编辑器的功能外,还具有很多特色功能,如根据C++语言语法将不同元素按照不同颜色显示、根据合适长度自动缩进等。

代码编辑器还具备自动提示功能,当用户输入程序代码时,代码编辑器会显示对应的成员函数和变量,用户可以在成员列表中选择需要的成员,既减少了输入工作量,也避免了手工输入错误。

习题一

1. 计算机程序设计语言经历了由__________、__________到__________的发展过程。
2. 程序设计技术的发展可分为__________、__________和__________阶段。
3. 举例说一下你最喜欢的 C 语言中的编程特性或库函数。
4. 举几个你知道的面向对象的编程语言。
5. 简述软件、程序设计和算法的关系。
6. 结构化程序设计方法的基本思想是什么?
7. 简述C++标准库的构成。
8. 面向对象程序设计的三大特性是什么?

进阶挑战:熟练掌握 Visual Studio 2019 开发环境中快捷键的使用,并能初步使用该集成开发环境编辑源程序、编译和执行简单的C++程序。

第二章 C++基本数据类型和表达式

一段C++程序包含预处理命令、注释和主函数等部分，程序从代码到翻译为可执行程序一般要经过预编译、编译、汇编、链接四个阶段。本章第一节描述各部分是如何各司其职完成工作的。声明是将一个名称引入程序的过程，C++是一种强类型语言，声明时必须指定声明变量的准确类型。类型分为内置类型和用户自定义类型。用户定义变量时必须提供变量的名称，名称的格式有成分的限制。第二节介绍变量的声明和类型的细节。第三节介绍运算符和限定符。

第一节 C++程序结构与流程

一、C++程序结构

下面是一个C++程序的例子：

```
#include <iostream>

int main()
{
    std::cout << "Hello World!" << std::endl;
    // some comment
    return 0;
}
```

这个程序虽然只有短短的几行，却是一个典型的C++程序结构。第一行中的#include 〈iostream〉是一条“预处理器指令”，预处理器负责处理此句，它会在项目设置的 include 搜索路径中寻找 iostream 这个头文件，找到后把它包含到第一行。iostream 是一个头文件，它里面有关于C++处理输入和输出的定义，后续内容会详细介绍它。

int main()是一个函数的声明，它表示这个函数的名称为 main，它的返回值为 int 类型，它的输入参数为空。注意：在 C 语言中如果形参列表为空，表示函数对输入参数的个数不确定，在C++中表示确定无参数，所以C++中一般不写 int main(void)这种形式。main 是C++程序的起点，它指定了程序在宿主环境，即操作系统中的入口位置。

此例中 main 函数的函数体只有两行，第一行共有三个部分：std::cout 是C++的标准输出流对象，std 是 cout 所在的“名称空间”，后面用<<连接的内容会被输出到标准输出中，通常是屏幕。“Hello World!”是一个字面值常量，两边的引号表明它是一个字符串。以//开头的是注释，注释会被程序忽略，它的作用是给阅读这段代码的人提供一些关于代码的信息。最后的 endl 会输出一个换行符。return 0 会在程序的最后返回给调用者一个值 0，表明程序正常结束。即使不指定返回值，现代编译器也往往会默认返回一个返回值，但是最好不要指望编译器替你做这些事，因为它们一般不会尽如人意。

二、从C++代码到可执行程序

C++程序从一个 cpp 文件到可执行的程序要经历四个阶段，即预处理、编译、汇编、链接四个典型阶段。

图 2.1 所示为 Windows 中的C++编译流程。

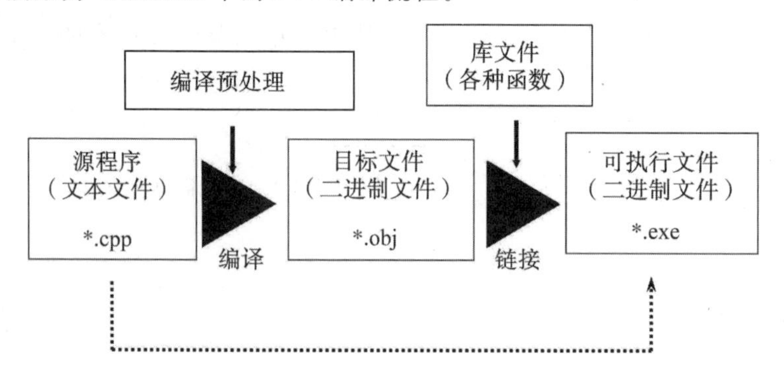

图 2.1　Windows 中的C++编译流程

预处理器会将文件中所有以＃开头的预处理指令进行处理，包括宏替换、头文件以及一些条件编译指令等。一般在C++语言中不提倡使用在 C 语言中广泛使用的宏，可以使用 inline 函数和 const 限定符来完成同样的功能。

编译器做的工作是将预编译器处理后的文件编译为汇编文件。汇编语言是直接描述计算机的 CPU 和寄存器的低级语言。下面的代码是开头的C++代码经编译器编译成的汇编代码的一部分，可以在 Visual Studio 运行时选择“调试”→“窗口”→“反汇编”观察到这段代码。

```
004125E8   mov     esi,esp
004125EA   push    offset std::endl<char,std::char_traits<char> >
                   (04112A3h)
004125EF   push    offset string "Hello World!"(0419B30h)
004125F4   mov     eax,dword ptr [imp? cout@std@@3V? $basic_
                   ostream@DU? $char_traits@D@std@@@
```

```
                        1@A (041D0D4h)]
004125F9   push         eax
004125FA   call         std::operator<<<std::char_traits<char
                        >>(0411208h)
004125FF   add          esp,8
00412602   mov          ecx,eax
00412604   call         dword ptr [__imp_std::basic_ostream<char,std::
                        char_traits<char>>::op erator<< (041D0A0h)]
0041260A   cmp          esi,esp
0041260C   call         __RTC_CheckEsp (0411280h)
```

汇编器将汇编代码翻译成二进制的机器码，这种机器码是与机器运行平台相关的，所以一般将一段代码复制到另一个机器上时需要重新编译。最后由链接器将多个文件和库链接在一起成为可执行的程序。库是指其他人编写好的功能和数据的集合。

第二节　变量与类型

一、变量与对象

在C++这样的面向对象编程语言中，变量和对象这两个概念非常接近，可以互换使用。它们一般指的是计算机内存中一个具名的可操作空间。声明是将一个对象引入程序的手段，例如：

```
int x;                      // x 是一个整数
double a;                   // a 是一个双精度浮点数
std::string name;           // name 是一个 std::string 的对象
```

当声明 x 时，程序就会在内存可用的地方申请一个整数大小，即 4 个字节长度的空间。C++作为强类型语言，声明一个对象需要指定它的类型名称，可以是内置的 int、float 等，也可以是自定义的 std::string 等类型。声明还需要指定对象的名称。C++规定，名称必须由数字、字母和下划线组成，且数字不能在开头。名称不能使用C++保留的关键字如 if、for、class 等。C++对于名称的规定并不算多，但是在实际编程中，除非是临时变量，否则最好给对象取一个有意义的名称，以便于理解和读取。好的代码应该是自解释的，即只看变量和函数名称就可以了解代码的工作，而不是写大段的注释来解释。例如：

```
int a;                          //不好，不能"望文生义"
int ageofUser;                  //好，意义明确
```

声明等后面往往可以为这个对象赋值或者初始化，例如：

```
int x = 1;                          // x 赋值为 1
double a{ 1.1 }                     // a 被初始化为 1.1
std::string name("Tom");            // name 被初始化为 Tom
```

使用"="进行的称为赋值，它既可以和声明放在一起，就像上文那样，也可以放在声明之后的对象生存周期的任何地方。而第二种初始化的方式是使用()或{}，则只可以和声明放在一起。

同一个名称只可以声明一次，重复声明会引发错误，例如：

```
int x;
int x = 1;                          //错误！ x 多次定义
double x = 1;                       //错误！ x 多次定义
```

程序中的任何变量都有特定的生存周期，例如：

```
int fun()
{
    int x = 1;
    return x;
}
```

程序在开头声明了一个整型变量 x，并返回了这个变量。返回后函数到达了结尾，x 这个变量就没有了存在的意义即生存周期结束，所以这块内存就会被回收，x 这个名称也不再存在。还应当注意的是，一些临时变量的生存周期只存在于大括号之内，例如：

```
for (int a = 1; a < 10; ++a)
{
    cout << a << '\t';
}
cout << a << endl;                  //错误！ a 的生存周期结束，a 已经不存在了
```

二、类型

C++的类型分为内置类型和用户定义类型，后者将会在后面的篇幅中详细介绍，本节仅介绍内置类型。

常用的内置类型有 char、bool、int、long、float 和 double 等，char、int 和 long 还有对应的无符号版本，如 unsigned char、unsigned int。它们有一些比较自然的功能，例如 char 用来存储一个 ASCII 字符'a'，int 用来保存一个小区的人数，bool 用来保存一个简单开关的状态等。它们中的多数的具体内存大小在C++标准中没有明确规定，而是依赖于平

台特性和编译器实现。由于这种不确定性，出于对移植性的考虑，所以在编程的实践中最好不要在代码中依赖于某个固定的类型大小，即便在当前版本的编译器中实现一个 int 为 4 个字节，未来版本也可能会改变这种规定。一般在 Microsoft C++中，一些内置类型的大小如表 2.1 所示。

表 2.1　内置类型在内存中的大小

bool、char、unsigned char	1 byte
short、unsigned short、wchar_t	2 byte
int、unsigned int、long、float	4 byte
double、long long	8 byte

由于内存固定大小的限制，因此每种类型的表示范围都是有限的，例如 int 只有 32 位，只能表示 $-2^{31}\sim2^{31}-1$ 的范围，超出这个范围就会发生溢出。不同的平台实现对于溢出的处理是不同的，因此后果不可预料，你可以在 Visual Studio 中对一个 $2^{31}-1$ 的 int 变量加 1，观察会发生什么。

如果要在程序中获取这个最大值，可以通过 limits 头文件中的 INT_MAX 宏来获得。

typedef 和 using 可以为一个类型声明一个别名，例如：

```
using myInt = int;
typedef int myInt2;
myInt a = 0;
```

三、类型转换

在C++中，有多种方式可以将一种类型转换为另一种。有时这种转换是隐式发生的，这些时候的转换结果可能是意料之外的，所以在需要进行类型转换时最好选择使用下面介绍的显式转换，以便在错误发生时有迹可循。

C 语言风格的转换和函数式的转换是相似的，例如：

```
double a = 3.14;
int b = (int)a;                  // C 语言风格的转换
int c = int(a);                  //函数式的转换
```

这两种方式都可以显式地转换类型，也都比较灵活，但是在进行类型转换时，由于数据的表示形式和内存大小的收缩等原因，常常会出现数值溢出等错误。例如，将 int 类型的 1000 转换为只有 1 个字节大小的 char 类型，char 不足以描述这么大的值，就会发生溢出。上述两种转换并不会进行这些检查。C++在C++11 标准之后引入了 static_cast 转换方式来进行类型的静态转换，这种转换方式通常要比前面的两种转换更安全一些，例如：

```
double a = 1e15;
int b = static_cast<int>(a);
```

a 的数值过大不能用 int 来表示，static_cast 会捕捉到这种错误，b 就会被转换为能表示的最大值即 INT_MAX 的值。

第三节　运算符和限定符

一、运算符

运算符是对变量进行操作的符号。C++中有多个种类的运算符，包括算术运算符、赋值运算符等。同时C++具有运算符重载的特性，可以由用户赋予运算符不同的含义，后续的章节会详细介绍。一些常用的运算符总结如表 2.2 所示。

表 2.2　常用的运算符

算术运算符	+、-、*、/、%、~、&、|、^
逻辑运算符	!、&&、||
比较运算符	<、>、==、!=、<=、>=
赋值运算符	=、+=、-=、*=、/=、%=
条件运算符	?:

多数运算符的意义相当明了，例如：

```
int a = 1 + 2 * 3;          // a 为 7
```

需要注意的是，“^”运算符表示的是两个数字按位异或而非求幂，例如 3 ^ 4=7。求幂需要调用标准库中的 pow 函数。条件运算符是唯一的三个参数的运算符，它的基本形式如下：

```
conditional-expression ? value1 : value2
```

当前面的表达式求值为真时，表达式返回 value1；否则返回 value2。逻辑运算符的取反(!)、条件与(&&)、条件或(||)和算术运算符的按位取反(~)、按位与(&)、按位或(|)常常会产生相同的结果，例如 1 && 1 和 1 & 1 计算的结果都是 1。但是在实际编程中，切记需要将二者分清，它们不可以互换。逻辑运算符有一个很重要的特性，那就是短路求值，即当表达式在可以确定返回值时就会停止计算直接返回，例如：

```
bool b=(1 == 2) &&(1 == 1);
```

程序在计算 b 的值时根本不会计算 1==1 这个表达式，因为前面的 1==2 为

false，无论 && 符号后面的值为何，最终的表达式都必须是 false。按位与和或运算符都没有这种特性。用错这两类符号会产生严重的后果。

除了这些列出的运算符外，还有一些特殊的运算符，例如 sizeof，它可以在编译器中计算一个类或对象的大小，例如：

```
int a = sizeof(int);
int b = sizeof a;
```

编译期计算意味着当程序被翻译成可执行文件时，它们的值就都已经计算完成了。这和运行期计算的运算符不同。

二、const 限定符

使用 const 来声明一个变量时，就意味着声明者承诺不会改变这个对象的值，否则就会引发一个错误，例如：

```
const int x = 1;
......
x = 2;                                //错误，x 的值不可改变
```

根据这个特性，当程序中的一些对象明显不会改变状态时，应该尽量声明为 const 类型，以免意料之外的更改。const 的另一个用处是代替一些常量宏，例如：

```
#define PI 3.1415926
const double PI = 3.1415926;
```

将变量声明为 const 类型有一些显而易见的好处，在后面的代码中修改这个值时编译器会直接产生一个错误，这有助于提前发现这些问题。const 变量相对于宏而言拥有自己的类型，可以进行类型检查，宏则不能。

三、extern 关键字

extern 关键字是一个用途广泛的关键字，下面将介绍它的几个用法。

有时我们需要在C++程序中使用 C 语言或其他语言的函数，extern 关键字具备这种能力。虽然设计之初C++是 C 的超集设计，但是 C 语言实现的函数很多不能直接在C++中使用，因为 C 和C++是两种编译器，对于函数名称的处理是不同的。extern “C” 修饰符指定后面的函数是 C 语言写成的，需要在C++中使用，例如：

```
extern "C" int cFun(int* arr, size_t size);
extern "C"
{
    int cFun1(char* str1, char* str2);
    int cFun2(double a, int* arr);
}
```

extern关键字的另一种用法是在多个文件中共享一个变量，例如，在两个源文件中共享一个整数：

```
// decl.h
extern int a;                //在头文件中声明一个变量

// decl.cpp
extern int a = 2;            //在一个文件中声明并给这个变量赋值

// main.cpp
extern int a;                //在文件2中声明这个变量
cout << a << endl;           //输出2
```

习题二

1. 调查在你的系统中，表2.1中的类型能表示的最大值和最小值分别是多少。

2. 使用a + b这样的方式可以获得整数a和b的和，使用位运算（与、或、异或）也可以实现这个功能。请你用合适的方式，包括编程、写文档或画图等表示出这个过程。

3. 使用反汇编工具观察一段C++代码的汇编代码，了解其中一行C++代码所汇编成的汇编代码都做了哪些工作，里面的变量和寄存器都有哪些作用。

4. 编写一段程序，要求用户输入一个正整数，然后输出这个整数的10倍，当乘积会溢出时输出−1。

第三章　C++程序控制结构

通常的计算机程序总是由若干条语句组成的，程序是一个语句序列，执行程序就是按特定的次序执行程序中的语句。程序中执行点的变迁称为控制流程，当执行到程序中的某一条语句时，也说控制转到了该语句。由于复杂问题的解法可能涉及复杂的执行次序，因此编程语言必须提供表达复杂控制流程的手段，称为编程语言的控制结构或程序控制结构。

C++中的程序控制结构通常包括顺序结构、分支结构（选择结构）、循环结构和转向结构。所谓顺序结构，就是指按语句出现的先后顺序依次执行的程序结构，是结构化程序中最简单的结构。分支结构又称为选择结构。当程序执行到控制分支的语句时，首先判断条件，然后根据条件表达式的值选择相应的语句执行。分支结构包括单分支、双分支和多分支三种形式。C++中常用 if 语句和 switch 语句来实现各种分支结构。循环结构是指在程序中需要反复执行某个功能而设置的一种程序结构。它由循环体中的条件来判断继续执行某个功能还是退出循环。C++中常用 for 语句、while 语句和do...while 语句来实现各种循环结构。转向结构用于中断当前执行的过程，跳转到指定的语句继续进行。在大多数情况下，程序都不会只是简单的顺序结构，而是顺序、选择、循环三种结构的复杂组合。

本章后续将分别对C++程序的顺序结构、分支结构（选择结构）、循环结构和转向结构进行介绍。

第一节　顺序结构

顺序结构可以用“按部就班”这个成语来形容，即照章办事，依次进行，不越轨，不逾格。这样的结构是我们日常生活中最常见的结构。在顺序结构中，一件事情开始后就不会停止直至完成最后一步，不会出现中途放弃或跳转的情况。最基本的顺序结构语句有数据的输入和输出、表达式语句、空语句以及复合语句。接下来将分别对它们进行介绍。

一、数据的输入和输出

输入和输出(input and output，I/O)是用户和程序“交流”的过程。在控制台程序中，输出一般是指将数据(包括数字、字符等)显示在屏幕上，输入一般是指获取用户在键盘上输入的数据。C++语言并未定义任何输入和输出语句，而是包含了一个全面的标准库来提供 I/O 机制。本书的第十四章详细描写了有关输入和输出的细节，本节我们只需要了解 I/O 库中的一部分基本概念和操作即可。

C++输入和输出包含三个方面的内容：一是对系统指定的标准设备的输入和输出，即从键盘输入数据，输出到显示器屏幕。这种输入和输出称为标准的输入和输出，简称标准 I/O。二是以外存磁盘文件为对象进行的输入和输出，即从磁盘文件输入数据，数据输出到磁盘文件。以外存文件为对象的输入和输出称为文件的输入和输出，简称文件 I/O。三是对内存中指定的空间进行输入和输出。通常指定一个字符数组作为存储空间，这种输入和输出称为字符串输入和输出，简称串 I/O。

C++编译系统提供了用于输入和输出的 iostream 库。iostream 这个单词是由 3 个部分组成的，即 i-o-stream，意为输入(input)和输出(output)流(stream)。其中“流”是程序输入或输出的一个连续的字节序列，设备(例如鼠标、键盘、磁盘和屏幕)的输入和输出都是用流来处理的。

iostream 库定义了以下两个标准流对象：

cin 表示标准输入(standard input)的 istream 类对象，这里的标准输入指的是终端的键盘，因此也称为键盘输入。cin 的作用是读取用户键入的数据，按相应变量的类型转换成二进制代码写入内存。cin 语句的一般格式为：

```
cin >> expression1 >> expression2 >> ...... >> expressionN;
```

cout 表示标准输出(standard output)的 ostream 类对象，这里的标准输出指的是终端的屏幕，因此也称为屏幕输出。其他输出控制符如表 3.1 所示。cout 的作用是从内存读取数据项的值，转换成相应的字符串显示到屏幕上。cout 语句的一般格式为：

```
cout << expression1 << expression2 << ......<<expressionN;
```

表 3.1 一些常用的输出控制符

endl	输出一个新换行符，并清空流
setw (int n)	设置输出宽度
setfill(char c)	设置填充符 c
setprecision (int n)	设置浮点数输出精度(包括小数点)

二、语句

语句(statement)是构造程序的基本部分，一条语句是一条完整的计算机指令。程序是一系列带有某种必需的标点的语句集合。在C++中，语句用结束处的一个分号标示。

任何表达式加上一个分号就变成了表达式语句。例如，“a=1”只是一个表达式，而“a=1;”则是一个表达式语句。

```
a = 10;
i ++;
z = x-y;
{   t = a;   a = b;   b = t;   }
```

以上的例子每一行都是表达式语句。

表达式为空的语句称为空语句，例如“;”。空语句仅由分号组成，不执行任何操作。在程序中空语句可用作空循环体。

代码块是用一对花括号“{ }”将多条语句括起来而构成的一个逻辑上相对独立的代码区域。例如，下面的语句就是一条复合语句。

```
{
    cout <<b <<endl;
    int c = 2;
    cout <<b-c <<endl;
}
```

复合语句内的各条语句都必须以分号“;”结尾，且在花括号“}”外不能加分号。

就像生活中有许多简单的问题，也有许多复杂的问题，C++中的语句当然也不只有这些简单的语句。接下来将介绍C++中更复杂的语句和结构。

第二节　分支结构

语句一般都是顺序执行的，很多问题都可以直接通过顺序结构解决。但程序设计语言也提供了许多不同的控制流语句，支持我们写出更复杂的执行路径。顺序结构的程序虽然能解决计算、输出等问题，但不能作判断后再选择。因此，对于要先作判断再选择的问题，就要使用分支结构。分支结构的执行是依据给定的条件选择执行路径，而不是严格按照语句出现的先后顺序。分支结构的程序设计方法的关键在于构造合适的分支条件和分析程序流程，根据不同的程序流程选择适当的分支语句。分支结构适合于带有逻辑或关系比较等条件判断的计算，设计这类程序时应该先绘制其程序流程图，厘清程序的执行路径，然后再根据程序流程写出源程序。

“今天出门是否要带雨伞?”如果你被问到这个问题你会作何选择？是不是会根据不同的条件作出不同的选择？如果被问到这个问题时正在下雨，那么答案肯定是“是”；如果晴空万里，那么答案应该是“否”。这就是条件选择。我们总会根据不同的条件作出不同的选择，C++程序中自然也少不了条件选择。

一、if 语句

“如果……，就……”是常用的关联词，用来表达条件选择。C++中提供了关键词 if 来实现选择结构。if 语句的一般语法格式如下：

```
if (expression)
{
        statement1;
}
else
{
        statement2;
}
```

若语句组中只有 1 条语句，可省略“{ }”。在条件选择语句中，首先需要计算条件表达式的值，然后根据表达式作出判断。如果表达式的值为 true，则执行语句 1；若值为 false，则执行语句 2。通过使用条件选择语句，可根据条件表达式的不同值而改变程序执行的流程，可以在语句 1 和语句 2 中实现不同的功能。if 语句的执行过程如图 3.1 所示。这是双 if 语句分支结构的实现形式。

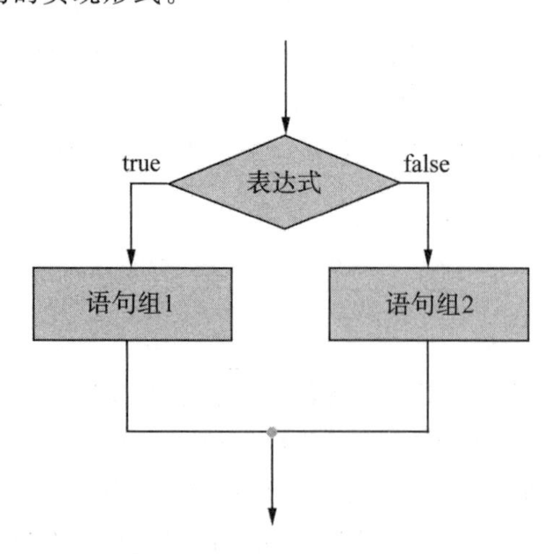

图 3.1　if 语句实现双分支结构的执行流程

现在就能用 if 语句解决出门是否要带雨伞这个问题了，源代码如下所示：

```
#include <iostream>
using namespace std;

int main()
{
    int rain;
    cout << "Is it raining? Enter 1 if yes, 0 otherwise" << endl;
    //输入 1 代表下雨,输入 0 代表没有下雨
    cin >> rain;
    if (rain == 1)
    {
        cout << "yes" << endl; //下雨,选择带伞,输出 yes
    }
    else
    {
        cout << "no" << endl; //没有下雨,选择不带伞,输出 no
    }
    return 0;
}
```

若输入 1,程序输出如下:

```
yes
```

若输入 0,程序输出如下:

```
no
```

这里,首先询问操作者是否下雨,是则输入 1,否则输入 0。然后将输入值和一个标准进行比较,再将比较的结果作为条件进行判断。如果输入值为 1,则结果为 true,执行语句 1,输出"yes"表示选择带雨伞;如果条件不满足,则执行语句 2,输出"no"表示选择不带雨伞。

if 语句的形式虽然简单,但是在使用上还有以下几个需要注意的地方:

if 语句中的 else 部分可以省略。很多时候,我们只关心条件为 true 的情况,此时就可以省略 if 语句中的 else 部分,仅仅保留判断条件和相应语句,此时语法格式为:

```
if (expression)
{
    statement1;
}
```

这也是 if 语句单分支结构的实现形式。此时 if 语句的执行过程如图 3.2 所示。下面的代码可将输入的大写字母转换成小写字母。

```
#include <iostream>
using namespace std;

int main()
{
        char chracter1, chracter2;
        cin >> chracter1;
        if (chracter1 >= 'A' && chracter1 <= 'Z' )     //单分支选择
            chracter2 = chracter1 - 'A' + 'a' ;        //将大写字母转成小写
        cout << chracter1 << chracter2 << endl;
        return 0;
}
```

若输入 A,则输出如下:

```
A  a
```

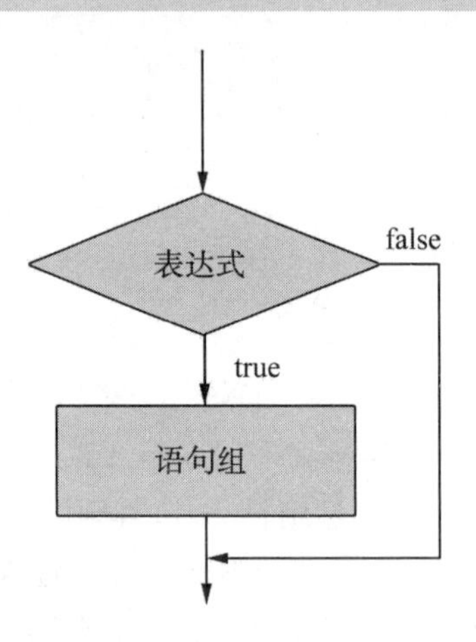

图 3.2 if 语句实现单分支结构的执行流程

if 语句中可以嵌套 if 语句,表示在某一个前提条件下作另一个条件判断,从而实现更加复杂的选择。需要注意的是,嵌套中每个 else 与自己物理距离最近的 if 配对。当嵌套数大于 1 时,就表示 if 语句多分支结构的实现形式。下面的代码是用 if 嵌套语句比较 x 和 y 两个整数的大小,并输出关系式:

```
#include <iostream>
using namespace std;

int main()
{
        int x, y;
        cout << "Input two integrals:";
        cin >> x >>y;
        cout << "x="<< x << " y="<< y << endl;
        if (x != y)                     //当 x 和 y 不相等时
        {
            if (x > y)                  //当 x >y 时
               cout << "x >y" << endl;
            else                        //当 x <y 时
               cout << "x <y"<< endl;
        }
        else                            //当 x = y 时
            cout << "x = y" <<endl;
        return 0;
}
```

若输入 1,2,则输出如下：

```
x = 1  y = 2
x<y
```

若输入 2,1,则输出如下：

```
x = 2  y = 1
x>y
```

在这段代码中,先按提示输入两个整数 x 和 y,然后判断二者是否相等。若相等,则输出"x=y";若不相等,则接着判断 x 是否大于 y。若是则输出"x>y",否则输出"x<y"。这样通过两级判断,就实现了 x 和 y 大小的比较。

if 语句还可以并列。如果同一级的条件有多种情况,就可以使用并列的 if 语句来实现。当使用并列条件选择语句时,应尽量避免条件范围的重复覆盖,不要让多个条件表达式同时为 true,因为这样可能会造成程序逻辑上的混乱。这种情况下 if 语句的执行过程如图 3.3 所示。语法格式如下：

```
if (expression)
  { statement 1;  }
  else if (expression 2)
        {  statement 2;  }
        else if (expression 3)
          {   statement 3;  }
          ......
          else if (expression n)
            {  statement n;  }
          else statement n+1;
```

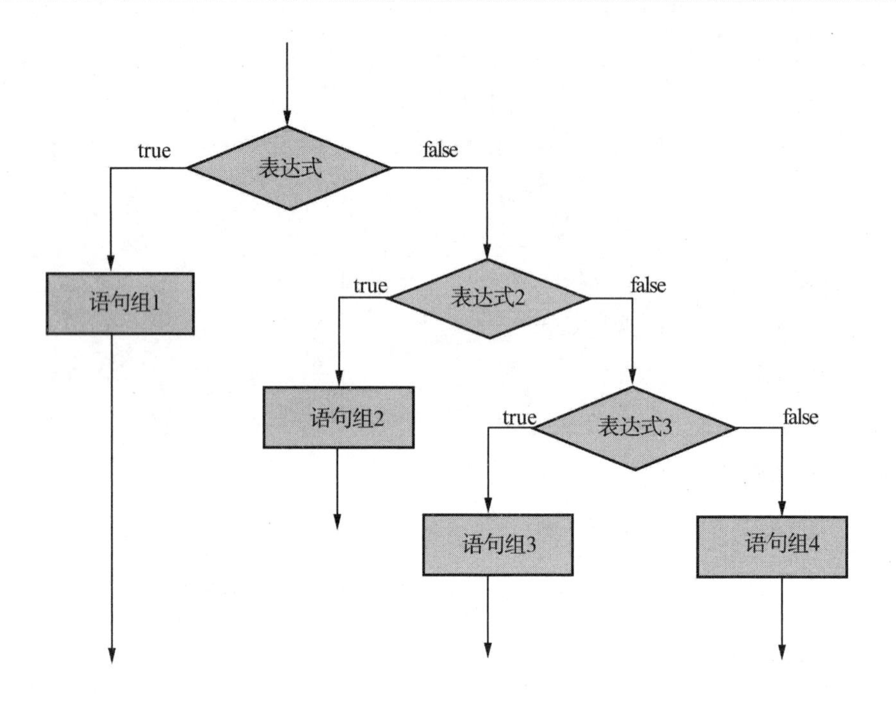

图 3.3　并列 if 语句实现多分支结构的执行流程

例如,对学生的成绩进行评定时,就可使用并列的 if 语句来实现。若要求 90 分以上输出 A,80～89 分输出 B,70～79 分输出 C,60～69 分输出 D,59 分以下输出 E,则程序代码如下:

```
#include <iostream>
using namespace std;

int main()
{
    int score;
    cout << "Input scores:";
    cin >> score;
    if (score >= 90) cout << "A" <<endl;               //90 分以上输出 A
    else if (score >= 80) cout << "B" << endl;         //80～89 分输出 B
    else if (score >= 70) cout << "C" << endl;         //70～79 分输出 C
    else if (score >= 60) cout <<"D" << endl;          //60～69 分输出 D
    else cout << "E"<<endl;                            //59 分以下输出 E
    return 0;
}
```

依次输入 3、63、73、83 和 93，程序会相应地输出 E、D、C、B 和 A。

上述程序中，先判断条件“score >=90”是否满足：若满足，则输出学生成绩的等级为“A”；若不满足，则执行第一条 else if 语句，即有“score<90”。若此时满足“score >=80”，则输出学生成绩的等级为“B”；若不满足，则程序执行到下一条语句再进行判断。以此类推，输出每一个学生的成绩对应的等级。通过 if 语句的并列，我们对各种条件判断的可能结果都进行了相应的处理，没有重复也没有遗漏。

二、switch 语句

并列 if 语句完成多分支结构时，用于需要进行多次判断才能作出选择的情况。当判断次数很多时，用 if 语句实现多分支结构会令程序较为烦琐。为了简化程序，C++提供了专门的 switch 语句，以代替复杂的并列条件选择语句。switch 语句的语法格式如下：

```
switch (expression)
{
    case case 1: statement 1; break;
    case case 2: statement 2; break;
    ......
    case case n: statement n; break;
    default:    statement n+1;
}
```

switch 语句的使用示例如下：

```
#include <iostream>
using namespace std;

int main()
{
    int i = 9;
    switch (i)
    {
        case 7:   i++; break;
        case 8:   i++; break;
        case 9:   i++; break;
        case 10:  i++; break;
        default:  i++;
    }
        cout << "i = " << i << endl;
        return 0;
}
```

对于上面的代码，会产生下面的输出：

```
i = 10
```

switch 语句首先对括号内的表达式求值，该表达式紧跟在关键字 switch 的后面，可以是一个初始化的变量声明。将表达式的值转换成整数类型，然后与每个 case 标签的值进行比较。如果表达式与某个 case 标签的值成功匹配，则以此为入口往下顺序执行 case 分支中的语句，直到到达了 switch 语句的结尾或者是遇到 break 语句为止。如果没有与表达式相匹配的 case 分支，则进入表示默认情况的 default 分支开始执行，最终完成整个 switch 语句。default 关键字是可选的，如果没有 default 关键字，程序又找不到匹配的 case 分支，则直接结束。switch 条件选择语句的执行流程如图 3.4 所示。

在使用 switch 条件选择结构时，还需要注意以下几个问题：第一，switch 后的表达式要是整型，或者是能够转换为整型的其他类型，比如字符型或者枚举类型。第二，因为要跟 switch 后的表达式进行比较，所以 case 之后必须是一个常量表达式。它可以是常量数字，但不能是变量或带有变量的表达式。第三，各个常量表达式的值不能相同，即不能出现两个相同条件的 case 分支。

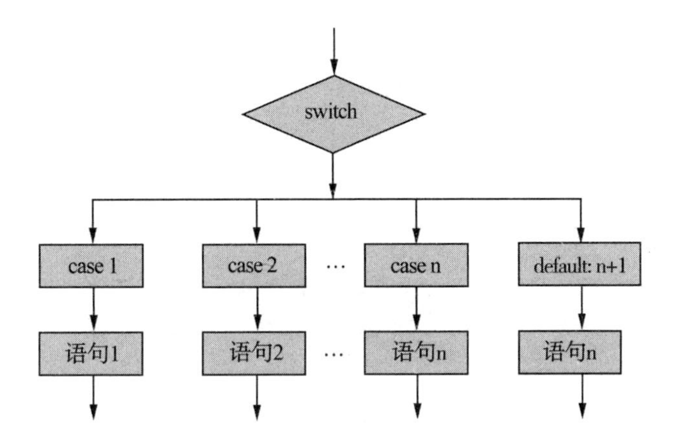

图 3.4　switch 语句的执行流程

第三节　循环结构

循环结构就是让程序重复地执行某些语句而设置的一种程序结构。它由循环体中的条件，判断是继续执行某个功能还是退出循环。根据判断条件，循环结构又可细分为以下两种形式：先判断后执行的循环结构和先执行后判断的循环结构。C++中常用的循环结构如图 3.5 所示。采用循环结构可以提高程序的可读性和执行速度，降低程序书写的长度，使复杂问题简单化。循环结构是程序设计中最能发挥计算机特长的程序结构。

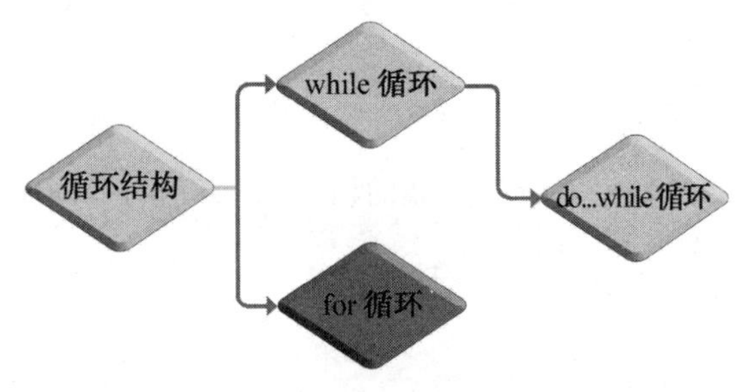

图 3.5　循环结构的实现方式

一、while 语句

while 语句会反复执行一段代码，直到给定条件为假为止。其语法格式如下：

```
while(expression)
{
    statement;
}
```

若循环体中只有 1 条语句，可省略“{ }”。while 语句的执行流程如图 3.6 所示。接下来用两个例子来说明一下 while 语句的用法。

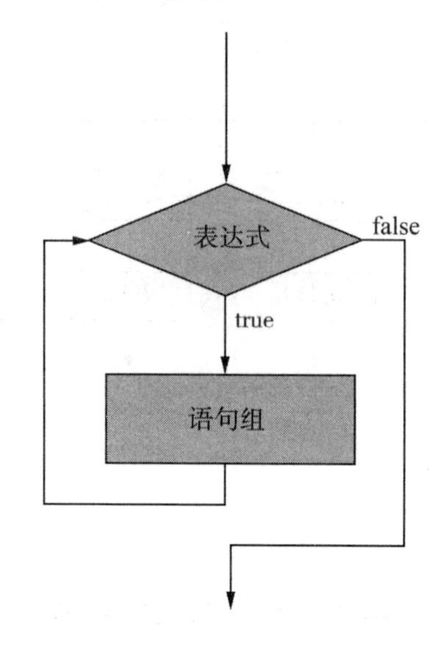

图 3.6　while 语句的执行流程

例如，倒序输出不大于 k 的每个整数的值，程序代码如下：

```
#include <iostream>
using namespace std;

int main()
{
        int k = 3;
        //k 的值不为 0 时，不断输出 k 的值，循环每进行一次 k 自减 1。
        //不鼓励用逗号写
        while (k != 0)
            cout << k, k--;
        cout << endl;
        return 0;
}
```

程序的输出结果为：

```
321
```

再如，求 1～100 这 100 个数的和，程序代码如下：

```
#include <iostream>
using namespace std;

int main()
{
    int sum = 0, number = 1;
    while (a <= 100)
    {
        sum += number;
        number ++;
    }
    cout << "sum = " << sum << endl;        //输出循环结束后的sum值
    return 0;
}
```

程序的输出结果为：

```
sum = 5050
```

二、do... while 语句

在上面的 while 循环中，我们可以看到，需要先给定初始值才可以完成循环。但是在一些情况下，while 循环的条件没有合适的初始值，因此C++中就提供了 do... while 循环来解决这个问题。do... while 和 while 的执行过程非常相似，唯一的区别是 do... while 是先执行一次循环体，然后再判别表达式。当表达式为 true 时，返回重新执行循环体，如此反复，直到表达式为 false 时循环结束。do... while 语句的语法格式如下：

```
do
{
    statement;
}
while(expression);
```

若循环体中只有 1 条语句，可省略"{ }"。do... while 语句的执行流程如图 3.7 所示。下面举个例子来说明一下它的用法。

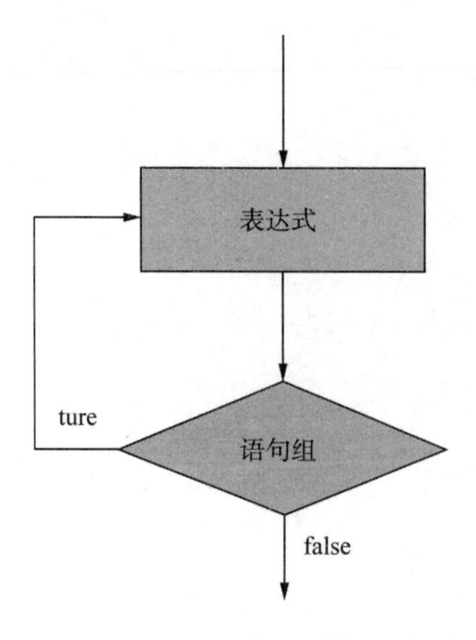

图 3.7　do...while 语句的执行流程

例如，编程计算 sum=1+1/2+1/3+…+1/100 的值，可用以下两种方式实现：

(1)用 while 循环实现

```
#include <iostream>
using namespace std;

int main()
{
      int i = 1;
      double sum = 0.0;
      while (i <= 100)              //循环条件
      {
          sum += 1.0 / i;           //先判断再执行
          i++;
      }
      cout << "sum=" << sum << endl;
      return 0;
}
```

程序的输出为：

```
sum=5.18738
```

(2)用 do...while 循环实现

```
#include <iostream>
using namespace std;

int main()
{
    int i = 1;
    double sum = 0.0;
    do
    {
        sum += 1.0 / i;          //先执行再判断
        i++;
    } while (i <= 100);          //循环条件,注意这里的分号";"不能少
    cout << "sum=" << sum << endl;
    return 0;
}
```

程序的输出为:

```
sum=5.18738
```

三、for 语句

除了 while 语句和 do...while 语句,C++中还有另一种循环控制语句——for 语句,可以和 while 语句互换。在C++中,for 语句的语法格式如下:

```
for(expression1; expression2; expression3)
{
    statement;
}
```

表达式 1 是初始化语句,for 循环中将必要的初始化工作提取出来集中放置在初始化语句中。表达式 2 是一个条件表达式,任何循环都必须有一个结束循环的机会避免进入死循环。条件表达式就是根据循环控制变量的值进行判断,给循环一个结束的机会。使用表达式时,一定要确保在循环结束时其值为 false。表达式 3 是更改语句,在每一个循环结构中都需要有一个循环控制变量作为是否继续执行循环体语句的条件。在下面的例子中,i 就是这样一个循环变量,我们需要通过对其值的判断来决定是否能够进行下一次循环。既然这个变量代表了循环是否执行的条件,那么就需要在循环过程中改变这个变量的值,以此反映循环的执行情况,并根据执行情况来判断循环是否应该继续进行。下面例子中的"i++;"语句就完成了改变这个变量值的功能。不同于 while 语句将循环控制变

量放在循环体语句中，for 语句是将它的修改独立出来放在了更改语句即表达式 3 中。所以一般来讲，for 语句适用于固定次数的循环，而 while 语句则适用于不定次数的循环。

当程序进入 for 循环语句之后，首先会执行表达式 1，完成必要的初始化工作。之后计算表达式 2 的值，若为 true，则执行循环体语句组。然后执行表达式 3，修改循环控制变量的值。接着又开始计算表达式 2 的值，根据其值决定是否能够进行下一次循环。若表达式 2 的值为 true，则继续循环；若为 false，则结束循环。for 语句的执行流程如图 3.8 所示。

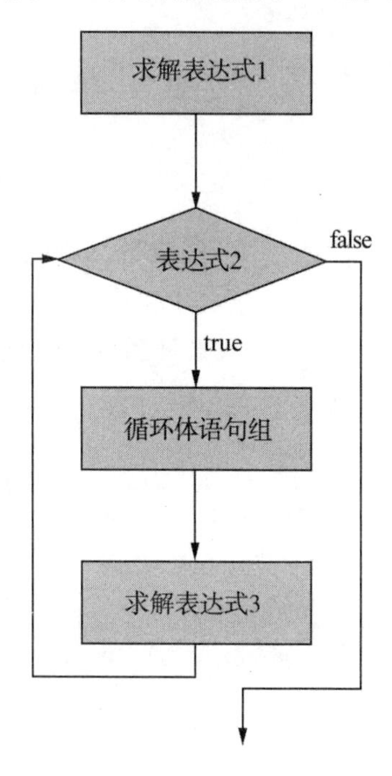

图 3.8　for 语句的执行流程

例如，求 1＋2＋3＋…＋100 的值，用 for 语句实现的代码如下：

```
#include <iostream>
using namespace std;

int main()
{
	int i, sum;
	//赋初值;循环条件;变量自增
	for (i = 1, sum = 0; i <= 100; i++)
		sum = sum + i;                    //循环体语句
		cout << "sum = " << sum << endl;
		return 0;
}
```

程序的输出为：

```
sum=5050
```

四、循环的嵌套

if 语句、while 语句和 do...while 语句可以相互嵌套实现多种循环功能。下面来看一个实际的例子——猜数游戏。

先用计算机设置一个整数，再请 1 位同学从键盘上输入猜想的数据。计算机会告诉参与者是猜大了还是猜小了。若 10 次以内猜对，则该同学获胜；否则，公布正确答案，并由下一位同学来玩。一共有 6 位同学参与游戏。

```
#include <iostream>
using namespace std;

int main()
{
    int set = 123;                                  //预设答案数字
    int guess, time, num;
    for (num = 1; num <= 6; num++)       //外循环，一共有 6 人参加游戏
    {
        for (time = 1; time <= 10; time++)//每人有 10 次机会
        {
            cout << "guess" << time <<":";
            //在屏幕上输出"guess"和当前猜词次数提示输入数字
            cin >> guess;
            if (guess == set)
            {
                cout << "Win!" << endl;
                break;
            }
            //是否猜对，若是则输出"Win!"，反之执行下面的分支
            if (guess > set)     cout << "Bigger!" << endl;
            //若输入数字大于预设，则输出"Bigger!"
            if (guess < set)     cout << "Smaller!" << endl;
            //若输入数字小于预设，则输出"Smaller!"
        }
        if (time == 11)
        //判断猜数次数是否大于 10，若是则游戏失败，并进行下一次外循环
```

```
            cout << "Sorry! The number is" << set << endl;
        }
    return 0;
}
```

在写程序之前首先要进行分析。从题干的信息中我们得知:要进行猜数的大小或相等的判断;每个人一共有10次机会和获胜或失败两种可能的结果;一共有6人参与游戏。对于这种较复杂的循环,我们应先进行算法分析,画出程序的执行流程。上例的执行流程如图3.9所示。循环嵌套的程序可以从内循环入手,由简到繁。

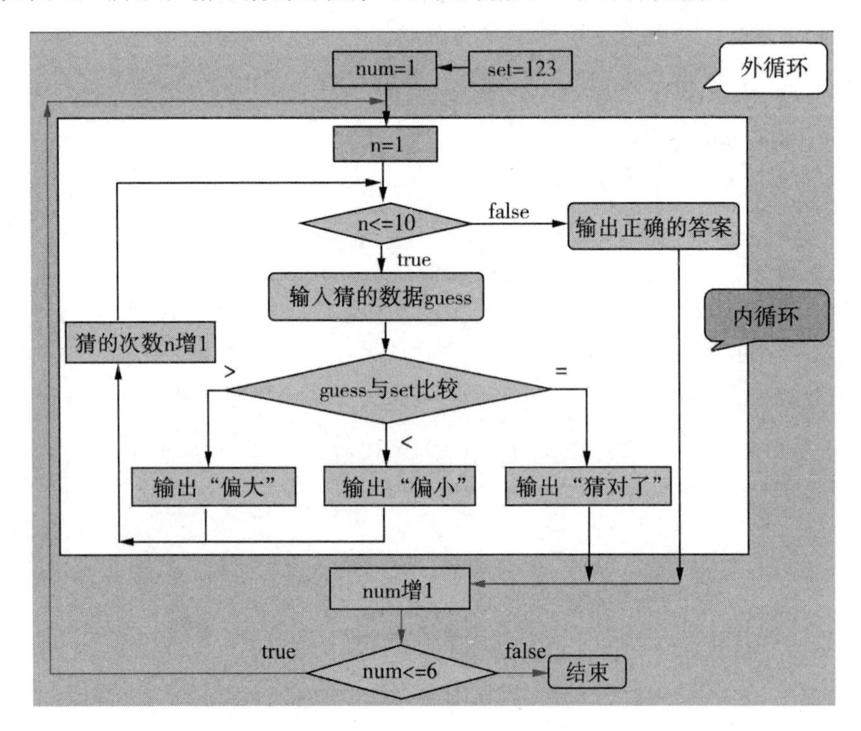

图3.9 猜数游戏的嵌套循环执行流程示意图

◆**拓展阅读**:1852年,英国伦敦大学一位叫格斯里的学生在绘制英国地图的时候发现,如果给相邻地区涂上不同的颜色,那么只要四种颜色就足够了。这个发现在一些人中间传来传去,由此就衍生出了地图四色猜想。一直有许多数学家试图证明这个猜想,但是都进展缓慢。随着计算机科学的发展,1976年,美国伊利诺伊大学通过计算机进行了100亿次循环,耗时1200个小时,证明了此猜想成立,这就是著名的地图四色定理,即"任何一张地图只用四种颜色就能使具有共同边界的国家着上不同的颜色"。

第四节　转向结构

循环周而复始，但也可能被突发状况打破。跳转语句用于改变程序的执行流程，可以中断当前的执行过程，使程序从某条语句跳转到另一条语句继续执行，可用于应对循环中的例外情况。C++中提供了4种跳转语句：break、continue、goto和return。本章仅介绍前三种，return语句将在后续章节进行介绍。

一、break语句

前面在介绍switch语句时已经提到过break关键字，当它被用于循环结构中时，表示循环终止并跳出当前循环，程序流将继续执行紧接着循环的下一条语句。break语句只能出现在迭代语句或switch语句内部，它的作用范围仅限于最近的循环或switch。

例如，对学生的成绩进行评定时，若要求90～100分输出A，80～89分输出B，70～79分输出C，60～69分输出D，59分以下输出E，若满分则在等级后加一个"*"表示，则程序代码如下：

```
#include <iostream>
#include <cmath>
using namespace std;

int main()
{
        int integer;
        double level, score;
        cout << "Please enter grade" << endl;
        cin >> score;

        while(score >= 0 && score <= 100)
        {
        level = score / 10;
        switch (int(level))
        {
            case 6:
                cout << "D" << endl; break;             //60～69分输出D
            case 7:
                cout << "C" << endl; break;             //70～79分输出C
```

```
            case 8：
                cout << "B" << endl; break;             //80～89 分输出 B
            case 9：
                cout << "A" << endl; break;             //90～100 分输出 A
            case 10：
                cout << "A＊" << endl;break;
           //满分再输出＊,由此往上的 break 语句的作用是跳出 switch 语句
            default：
                cout << "E" << endl; break;             //59 分以下输出 E
        }
        break;
        //这里的 break 语句的作用是结束 while 循环,若缺失则程序输入一个
        //值后就会进入死循环
        }
        return 0;
}
```

依次输入 3、63、73、83 和 93,程序会相应地输出 E、D、C、B 和 A。

二、continue 语句

continue 语句只在循环语句中出现,它的作用是结束本次循环并开始下一次循环。对于 for 循环,continue 语句会导致执行条件测试和循环增量部分。对于 while 和 do... while 循环,continue 语句会导致程序控制回到条件测试上。和 break 语句类似的是,出现在嵌套循环中的 continue 语句仅作用于离它最近的循环。和 break 语句不同的是,只有当 switch 语句嵌套在循环语句内部时,才能在 switch 语句里使用 continue 语句。continue 语句的使用实例如下：

```
#include <iostream>
using namespace std;

int main()
{
        int i, j, x = 0;
        for (i = 0; i < 2; i++)                          //外循环
```

```
    {
        x++;
        for (j = 0; j <= 3; j++)//内循环
        {
            if (j % 2)
                continue;            //结束本次内循环,进入下一次外循环
            x++;
        }
        x++;
    }
    cout << "x=" << x << endl;
}
```

程序的输出结果为：

```
x=8
```

三、goto 语句

goto 语句也被称为“无条件转移语句”,它的语义是改变程序流向，转去执行语句标号所标识的语句。goto 语句通常与条件语句配合使用,可用来实现条件转移、构成循环、跳出循环体等功能。goto 语句的语法形式是：

语句组 1；

……

goto 标识符；

……

标识符:语句组 2；

其中,标识符用于标识一条语句。带标签语句是一种特殊的语句,在它之前有一个标识符以及一个冒号。因为 goto 语句会破坏程序的结构,造成后期程序 debug 的困难,因此通常不推荐使用 goto 语句！几乎所有用到 goto 语句的地方都可以由其他结构代替。只有一种情况适合使用 goto 语句,即在多层循环嵌套的情况下跳出所有循环,例如：

```
while (condition1)
  while (condition2)
    while (condition3)
      while (condition4)
        goto outer;
outer: return 0;
```

习题三

1. 输入三角形三条边的长，求三角形的面积和周长。若不能构成三角形，则输出提示。要求用 if 语句实现。

拓展练习：根据输入的边长判断该三角形属于何种类型(一般三角形、等腰三角形、等边三角形或直角三角形)。

2. 请编程实现随机输入星期一到星期日的英文单词，并判断是哪一天。要求用 if 语句实现。

3. 编写一个程序，运用本章所学的循环、分支等程序控制结构，实现以下功能：

(1)任意输入一个数，判断其是否为质数，并输出判断的结果。

(2)任意输入一个不小于 1000 的数字，比如 1500，程序能将该数字以下所有偶数(大于等于 6)的质数之和列出来，从而验证哥德巴赫猜想。

要求：①程序要有指示预言，注意人机交互；

②结果要表示成加法等式的形式，比如 8=3+5；

③某些偶数可能会有多个质数和的形式，要列出所有的可能性；

④注意算法的速度，尽量提高程序的运行效率。

4. 编程求两个自然数 m，n 的最大公约数。要求使用转向结构完成该程序。

5. 莱布尼茨(Leibniz)公式是历史上著名的求解圆周率的公式，其数学表达式为

$$\frac{\pi}{4}=1-\frac{1}{3}+\frac{1}{5}-\frac{1}{7}+\frac{1}{9}-\frac{1}{11}+\cdots$$

请分别用 while 循环和 for 循环求解 Leibniz 公式，并思考哪种循环更加简洁。

(当式中单项的分母值大于 10^6 时结束循环)

第四章　数　组

数组是由相同数据类型的多个数据组成的集合，数组中所存储的数据是数组的元素，数组的元素的数据类型即为数组的数据类型。用来标识一个数组的名称是数组名。

数据在数组中的序号是该数据的下标，要特别注意的是，数组中数据的下标是从0开始的。要寻找一个数组内的某个元素，必须给出数组名和下标两个要素，数组名和下标唯一地标识了一个数组中的一个元素。标识数组元素的下标个数是数组的维数。根据数组的维数，可将数组分为一维数组、二维数组和高维数组。

本章将介绍数组的分类、定义与应用，通过示例学习利用数组对批量数据进行表示、存储、排序和计算等操作。

第一节　一维数组

一、一维数组的定义与存储

当数组只有一个下标时，称这样的数组为一维数组。一维数组是最简单的数组。定义一维数组时要说明三个要素：数组名、数组的数据类型以及数组元素的个数。一维数组的定义方式如下：

类型说明符 数组名[常量表达式]；

例如，定义一个包含4个元素、每个元素的数据类型均为int型的数组a时，可用下面的语句：

```
int a[4];
```

若数组a存放的首地址为2000H，则a中各元素在内存中的存储位置如图4.1所示。

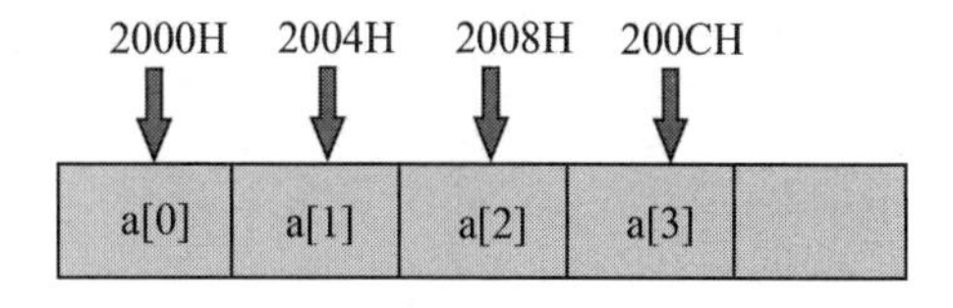

图4.1　一维数组a中元素存储位置示意图

二、一维数组的引用

在程序中，一般不能直接对整个数组进行访问，要访问数组通常是访问它的某个元素。一维数组中的元素用数组名和下标表示的形式是：数组名[下标]。数组引用时需注意以下几点：

(1)数组必须先定义后使用；

(2)数组的引用格式为数组名[下标]，下标必须从 0 开始；

(3)数组元素使用时与变量类似，可对其进行赋值、运算、输出；

(4)只能逐个引用数组元素，不能一次引用整个数组。

请尝试编程实现生成一个包含数据 0～9 的整型数组 a，并将全部数据按从大到小的顺序输出到屏幕上。

以下示例代码给出的程序可实现上述操作：

```
#include <iostream>
using namespace std;

int main()
{
    int i, a[10];
    for (i = 0; i < 10; i++)
        a[i] = i;
    for (i = 9; i >= 0; i--)
        cout << a[i] << '\t';
    cout << endl;
    return 0;
}
```

上述示例代码的运行结果如下：

```
9	8	7	6	5	4	3	2	1	0
```

示例代码通过 for 循环把变量 i 的值赋给数组 a 相应位置的元素，同时利用 for 循环逐个输出数组元素。当然，也可以利用语句“int a[10] = {0,1,2,3,4,5,6,7,8,9};”在初始化数组 a 的同时为其赋数值 0～9。初始化数组的方式会在下一节具体介绍。要注意的是，必须先定义数组 a，之后再进行引用；数组 a 有 10 个元素，第 1 个元素的下标变量是0，第 10 个元素的下标变量是 9，即下标从 0 开始。

三、一维数组的初始化

初始化是指在定义数组的同时给数组元素赋值。数组的一组初值之间用逗号隔开，放入一个花括号内。常见的初始化方法有三种：

(1)对数组中的每一个元素都赋初值。例如：

```
int a[5]={1,2,3,4,5};
```

(2)对数组中的一部分元素列举初值,未赋值的部分是 0。例如：

```
int a[5]={0};                //数组 a 的全部元素均为 0
int a[10]={1,2,3,4,5};       //a 的 10 个元素中后 5 个元素为 0
```

(3)不指明数组元素个数,通过初始化数值确定。例如：

```
int a[ ]={1,2,3,4,5};        //数组 a 有 5 个元素,分别是 1,2,3,4,5
```

斐波那契(Fibonacci)数列,又名"黄金分割数列",指的是这样一个数列：1,1,2,3,5,8,…在数学上以如下递推的方式定义：

$$f_1=1$$

$$f_2=1$$

$$f_n=f_{n-1}+f_{n-2}\ (n\geqslant 3)$$

请编写一个程序,利用数组求解斐波那契数列的前 20 个数。

以下示例代码给出的程序可实现上述操作：

```
#include <iostream>
using namespace std;

int main()
{
    int i;
    int f[20] = { 1,1 };              //初始化数组且对第一、二个元素赋值 1
    for (i = 2; i < 20; i++)
        f[i] = f[i - 1] + f[i - 2];   //以递推方式计 3~20 个元素
    for (i = 0; i < 20; i++) {
        if (i % 5 == 0)               //将结果按一行 5 个数据输出
            cout << '\n' ;
        cout << f[i] << '\t' ;
    }
    return 0;
}
```

上述示例代码的运行结果如下：

```
1       1       2       3       5
8       13      21      34      55
89      144     233     377     610
987     1597    2584    4181    6765
```

第二节　二维数组与高维数组

数组的元素可以是任何类型，当数组的每个元素又是一个数组时，便构成了多维数组。多维数组中最常见的是二维数组，二维数组可以看作一个每个元素都是一维数组的一维数组。维度大于二维的数组称为高维数组。

一、二维数组的定义与存储

可以类似地将二维数组看作数学中的矩阵，它也由行和列组成。二维数组的定义方式与一维数组类似，同样要说明数组名、数组类型以及数组大小。不同的是，一维数组要说明数组元素个数，但二维数组要指出数组的行数和列数。二维数组的定义方式如下：

类型说明符 数组名[常量表达式][常量表达式]；

其中第一个常量表达式是数组的行数，第二个是列数。例如，int a[3][4]表明数组 a 由 3×4个 int 型元素组成，其元素分别为：

```
a[0][0], a[0][1], a[0][2], a[0][3]
a[1][0], a[1][1], a[1][2], a[1][3]
a[2][0], a[2][1], a[2][2], a[2][3]
```

其行、列的序号均从 0 开始。若存放数组 a 的首地址为 2000H，则在内存中各元素的存储位置如图 4.2 所示，即在内存中，多维数组依然是直线顺序排列的，第一个元素位于最低地址处。

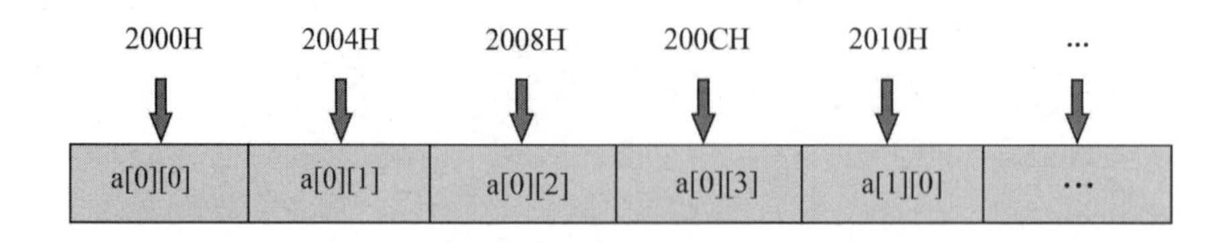

图 4.2　二维数组 a 中元素存储位置示意图

二、二维数组的引用

与一维数组一样，二维数组也必须先定义，其维数必须是常量。具体引用时（赋值、运算、输出），其元素等同于变量。

请编写一个程序，定义一个 2×3 的二维数组，由用户输入所有元素的值，并将数组显示到屏幕上。

下面的代码给出的程序可实现上述操作：

```
#include <iostream>
using namespace std;

int main()
{
    int a[2][3], i, j;
    cout << "Please input 2 * 3 numbers\n";
    for (i = 0; i < 2; i++)                //输入
        for (j = 0; j < 3;j++)
            cin >> a[i][j];
    cout << "output\n";
    for (i = 0; i < 2; i++)                //输出
    {
        for (j = 0; j < 3; j++)
            cout << a[i][j] << '\t';
        cout << endl;
    }
    return 0;
}
```

上述示例代码的某次运行结果为：

```
Please input 2 * 3 numbers
11 1 2 7 6 5
output
11      1       2
7       6       5
```

代码中首先对二维数组 a 以及数组的行、列数进行了定义，然后分别由两层 for 循环的嵌套实现对二维数组元素的逐个输入和输出。

三、二维数组的初始化

二维数组的初始化与一维数组的初始化类似，是指在定义数组的同时给数组元素赋值，即在编译阶段给数组所在的内存赋值。对二维数组进行初始化时，同样不能给数组整体赋值，只能一个一个地对其元素赋值。可用以下三种方式对二维数组进行初始化：

(1)对所有元素赋初值，可以采用分行赋值和顺序赋值两种形式。

采用分行赋值方式对 3 行 4 列的 int 型数组 a 赋值的语句如下：

```
int a[3][4]={{1,2,3,4},{5,6,7,8},{9,10,11,12}};
```

用花括号将每一行的数据括起来，这样的赋值方式更加直观清晰。若将每行数据外面的花括号省略，便可实现顺序赋值，代码如下：

```
int a[3][4]={1,2,3,4,5,6,7,8,9,10,11,12}; //依次赋值
```

(2)对数组的部分元素赋值，将初始化列表中的数值按行序依次赋给每个元素，没有赋值的元素初值为 0。例如：

```
int a[3][4]={1,2,3,4,5};
```

初始化后的数组为：

1	2	3	4
5	0	0	0
0	0	0	0

(3)对每一行的部分数组元素赋初值，例如：

```
int a[3][4]={{1},{5},{9}};
```

得到的数组为：

1	0	0	0
5	0	0	0
9	0	0	0

```
int a[3][4]={{0,1},{5}};
```

得到的数组为：

0	1	0	0
5	0	0	0
0	0	0	0

要注意的是，在分行或顺序赋值时，可以省略第一维(行数)，但第二维(列数)不可省。例如：

```
int a[][4]={{1,2},{5,6,7,8},{9,10,11,12}};
```

所得到的初始化后的数组为：

1	2	0	0
5	6	7	8
9	10	11	12

有一个 3×4 的矩阵如下所示，请编写程序求出其中值最大的元素的值并给出其所在的行号和列号。

1	2	7	4
11	2	6	9
10	4	8	0

先考虑解决此问题的思路。从若干个数中求最大值的方法很多，我们现在采用“打擂台”算法。如果有若干个人比武，先让一个人站在台上，再上去一个人与其交手，败者下台，胜者留在台上。第三个人再上台与在台上者比，同样是败者下台，胜者留在台上。如此比下去，直到所有人都上台比过为止。最后留在台上的就是胜者。

程序模拟这个方法，开始时把 a[0][0]的值赋给变量 max，max 就是开始时的擂主，然后让下一个元素与它比较，将二者中值大者保存在 max 中，然后再让下一个元素与新的 max 比，直到最后一个元素比完为止。max 最后的值就是数组所有元素中的最大值。

下面的代码给出的程序可实现上述操作：

```
#include <iostream>
using namespace std;

int main()
{
        int max, i, j, row, column;
        int a[3][4] = { 1,2,7,4,11,2,6,9,10,4,8 };
        max = a[0][0];
        for (i = 0;i <= 2;i++)
            for (j = 0;j <= 3;j++)
                if (a[i][j] > max)
                {
                    max = a[i][j];
                    row = i;
                    column = j;
```

```
        }
    cout << "row number of max( begin from 0 ) :" << row << '\n';
    cout << "column number of max( begin from 0 ) :" << column
    << '\n';
    cout << "maximum :" << max << endl;
    return 0;
}
```

上述代码的运行结果为：

```
row number of max( begin from 0 ):1
column number of max( begin from 0 ):0
maximum:11
```

四、高维数组

高维数组的声明和二维数组相同，只是下标更多，一般形式如下：

数据类型 数组名[常量表达式 1][常量表达式 2]...[常量表达式 n]；

例如，高维数组的声明如下：

```
int a[3][4][5];
int b[4][5][7][8];
```

上述两条代码分别定义了一个三维数组和一个四维数组。

由于数组元素的位置都可以通过偏移量计算，所以对于三维数组 a[m][n][p]来说，元素 a[i][j][k]所在的地址是从 a[0][0][0]算起到(i * n * p+j * p+k)个单位的地方。

第三节　字符数组和字符串

一、字符数组的定义

用来存放字符数据的数组是字符数组，字符数组中的一个元素存放一个字符。字符数组的定义与一般数组完全相同，只不过其中存放的元素的类型为字符型。字符数组的定义形式为：

char 数组名[常量表达式]；

例如：

```
char c[4];
```

上述语句定义了一个包含 4 个字符元素的字符数组 c，其中每个元素占一个字节。

二、字符数组的初始化

与一般数组的初始化格式相同，字符数组每个元素的值为其相应字符的 ASCII 值。例如：

```
char c[10]={'I' , ' ' ,'a' , 'm' , ' ' , 'a' , ' ' , 'b' , 'o' , 'y' };
```

上述语句实现了对一个有 10 个字符元素的字符数组 c 进行赋值，结果为：

'I'	' '	'a'	'm'	' '	'a'	' '	'b'	'o'	'y'	随机

```
char st1[3]={65,66,68};
```

上述语句利用 ASCII 码实现了对字符数组 st1 初始化，赋值结果为：

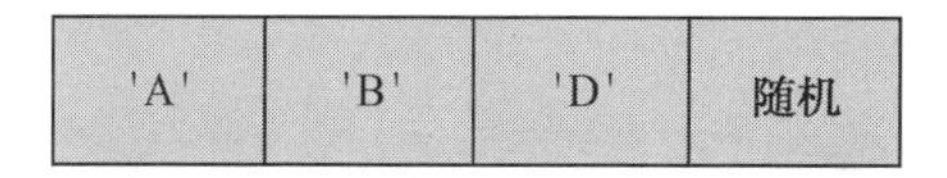

'A'	'B'	'D'	随机

在对字符数组进行初始化时，如果字符个数大于数组长度，计算机将做错误处理；如果字符个数小于数组长度，后面的字节全部为'\0'。如果省略数组长度，则字符数即为数组长度。例如，下列语句省略了数组 c 的长度，则花括号内的字符数目即为数组长度。

```
static char c[ ]={'I' , ' ' ,'a' , 'm' , ' ' , 'a' , ' ' , 'g' , 'i' , 'r' ,'l' };
```

请编写程序实现利用字符数组在屏幕上输出字符串"I am a boy"。

下面的代码给出的程序可实现上述操作：

```
#include <iostream>
using namespace std;

int main()
{
    //初始化
    char c[10] = { 'I' , ' ' , 'a' , 'm' , ' ' , 'a' , ' ' , 'b' , 'o' , 'y' };
    int i;
    for (i = 0; i < 10; i++)
        cout << c[i];//逐个输出字符
    cout << endl;
}
```

上述代码的运行结果为：

```
I am a boy
```

需要注意的是，字符数组引用之前必须先定义。

三、字符串和字符串结束标志

由一系列字符组成的一个处理单元称为字符串，即字符串的本质是一串有序字符。C++有两种风格的字符串：一种是 C 语言风格的字符串，另一种是C++标准库提供的 sdd::string。本节讨论的是前者。

字符串常量“CHINA”被处理成一个无名的字符型一维数组可表示为：

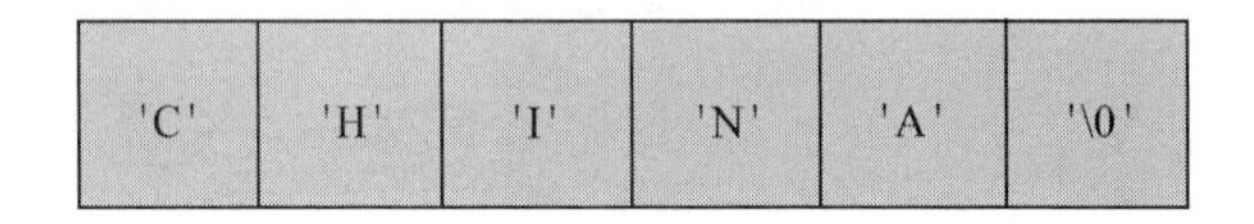

'C'	'H'	'I'	'N'	'A'	'\0'

与二维数组类似，二维字符数组可以看作一个每个元素都是一维字符数组的一维字符数组。例如：

```
char a[2][5]={"abcd", "ABCD"};
```

上述语句定义并初始化了一个 2×5 的二维字符数组，如下所示：

'a'	'b'	'c'	'd'	'\0'
'A'	'B'	'C'	'D'	'\0'

C++语言中约定用‘\0’作为字符串的结束标志，它占内存空间。有了结束标志‘\0’后，程序往往依据它判断字符串是否结束，而不是根据定义时设定的长度。‘\0’与‘ ’(空格)并不相同，‘\0’的 ASCII 码为 0，而‘ ’(空格)的 ASCII 码为 32。

在这里，我们要注意区分字符串与字符数组。下面通过 CHINA 的两条语句进行说明：

```
char a[ ]={'C','H','I','N','A'};
char c[ ] ="CHINA";
```

第一条语句定义了一个字符数组 a，这个字符数组占 5 个字节的长度。字符数组 a 的字符存放情况为：

'C'	'H'	'I'	'N'	'A'	随机	随机

第二条语句定义了一个字符串 c，系统为该字符串分配 6 个字节，依次把前 5 个字符

存放进去后再插入一个结束标志'\0'。字符串 c 的存放情况为：

'C'	'H'	'I'	'N'	'A'	'\0'	随机

空字符串是不包含任何字符的字符串，但是它并不是不占空间，而是占了 1 个字节的空间，这个字节中存储了一个'\0'。

我们可以用字符串的形式为字符数组赋初值，如下面第一和第二条语句。第三条语句是直接利用字符为字符数组赋值。可以看出，前两种方式比第三种方式更加简单方便。

```
char c[ ]={"I am a boy"};                                    //长度为 11 字节
char c[ ]="I am a boy";                                      //长度为 11 字节
char c[ ]={'I' , ' ' , 'a' , 'm' , ' ' , 'a' , ' ' , 'b' , 'o' , 'y' };//长度为 10 字节
```

如果数组定义的长度大于字符串的长度，则后面均为'\0'。例如：

```
char c[10]="CHINA";
```

上述语句生成的字符数组在内存空间中的存放情况为：

'C'	'H'	'I'	'N'	'A'	'\0'	'\0'	'\0'	'\0'	'\0'

要注意"char c[ ]= 'I am a boy';"这种赋值方式是非法的，字符串必须用双引号括起来。在C++中，'a' 与 "a" 有着本质的区别。'a' 是一个字符常量，在内存中占一个字节，里面存放字符 a 的内码值。"a" 是一个字符串，用字符数组存储，在内存中占两个字节：第一个字节中存放字符 a 的内码值，第二个字节中存放'\0'。

注意：利用字符串对字符数组赋值时，不能先定义字符数组然后用赋值语句整体赋值！

错误示范：

```
char str[12];
str = "The String";
```

正确方式：

```
char str[12] = "The String";
```

或

```
char str[12]={"The String"};
```

四、字符数组的输入和输出

字符数组的输入和输出有三种方式：

1. 字符的输入和输出

这种输入和输出的方法，通常是使用循环语句来实现的。例如：

```
char str[10];
cout << "输入 10 个字符：";
for (int i = 0;i < 10;i++)
    cin >> str[i];//将输入的 10 个字符送给数组 str 中的各个元素
......
```

2. 把字符数组作为字符串输入和输出

对于一维字符数组的输入，在 cin 中仅给出数组名；输出时，在 cout 中也只给出数组名。例如：

```
char s1[50], s2[60];
cout << "输入两个字符串：";
cin >> s1;
cin >> s2;
cout << "\n s1 = " << s1;
cout << "\n s2 = " << s2 << endl;
```

3. 利用 cin 的成员函数 getline() 输入

当要把输入的一行作为一个字符串送到字符数组中时，则要使用函数 cin. getline( )。这个函数的第一个参数为字符数组名，第二个参数为允许输入的最大字符个数。使用格式为：

cin. getline(数组名，数组空间数)；

例如：

```
char s1[80];                 //首先开辟数组空间
......
cin.getline(s1, 80);         //s1 是数组名
```

五、字符串处理函数

C++中没有对字符串变量进行赋值、合并、比较的运算符，但提供了许多字符串处理函数，用户可以调用 #include 〈string. h〉。要注意的是，所有字符串处理函数的参数都是字符数组名。常用的字符串处理函数有以下几个：

1. 合并两个字符串的函数：strcat (str1, str2)

注意：第一个字符串要有足够的空间。函数使用示例如下：

```
static char str1[20]={"I am a "};
static char str2[ ]={"boy"};
strcat (str1, str2);                //将第二个字符串接到第一个字符串后
```

合并 str1 和 str2 时字符的占位情况如下：

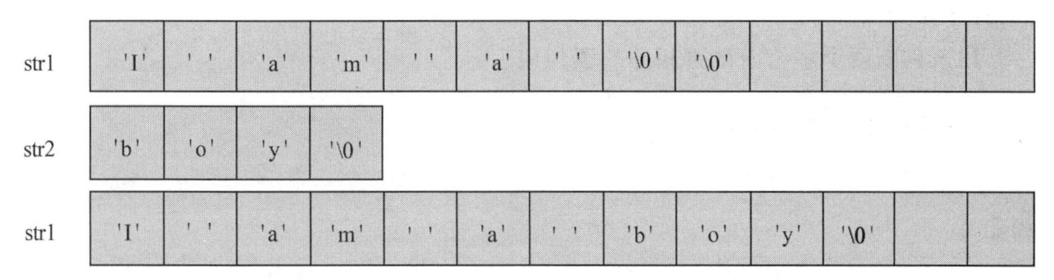

2. 复制两个字符串的函数：strcpy (str1, str2)

函数使用示例如下：

```
static char str1[20]={"I am a"};
static char str2[ ]={"boy"};
strcpy (str1, str2);//将 str2 复制到 str1 并替换相应字符
```

此种情况下字符的占位情况如下：

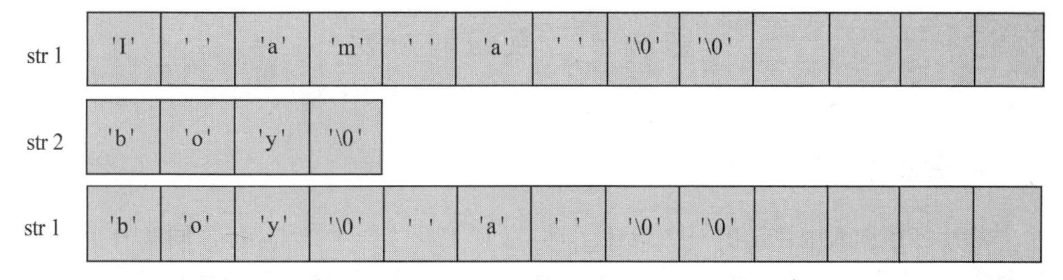

3. 比较两个字符串的函数：strcmp (str1, str2)

此函数用来比较 str1 和 str2 中字符串的内容。函数对字符串中的 ASCII 字符逐个两两比较，直到遇到不同字符或'\0'为止。函数值由两个对应字符相减而得。该函数具有返回值，返回值是两个字符串对应的第一个不同的 ASCII 码的差值。若两个字符串完全相同，则函数值为 0。

函数使用示例如下：

```
static char str1[20]={"CHINA"};
static char str2[ ]={"CHINB"};
cout << strcmp (str1, str2)<<endl;
```

str1 和 str2 第一个不同的字符为 A 和 B，strcmp (str1, str2)的返回值是 A 和 B 的 ASCII 码的差值，为－1。

```
static char str1[20]={"CHINA"};
static char str2[ ]={"AHINB"};
cout <<strcmp (str1, str2)<<endl;
```

str1 和 str2 第一个不同的字符为 C 和 A,strcmp (str1, str2)的返回值是 C 和 A 的 ASCII 码的差值,为 2。

用来判断两个字符串是否相等的语句应为:

```
if (strcmp (str1,str2)= =0)
{......}
```

而非

```
if (str1= =str2)
{......}
```

4.其他字符数组操作函数

(1)求字符串长度的函数:strlen (str1)。

(2)将 str1 中的大写字母转换成小写字母的函数:strlwr (str1)。

(3)将 str1 中的小写字母转换成大写字母的函数:strupr (str1)。

第四节　数组的应用

一、票数统计

从 3 名候选人中评选出一名最佳运动员,有 100 位同学投票,每位同学只可选一名候选人,不选或选 3 名候选人之外的人视为废票。请编写程序实现统计每名候选人的得票数以及废票数。

首先我们将 3 名候选人分别编号为 1、2、3,然后由键盘输入 100 位同学的选票,不选或选择编号 1、2、3 之外的选票视为废票。将废票数以及 3 名候选人的得票数定义为一个有 4 个 int 型元素的一维数组 a,不考虑同学所投票编号为浮点型或其他类型数据的情况。我们可以将 a[0]元素用作累加废票数,a[1]、a[2]、a[3]分别用作累加候选人 1、2、3 的得票数。票数统计算法流程如图 4.3 所示。

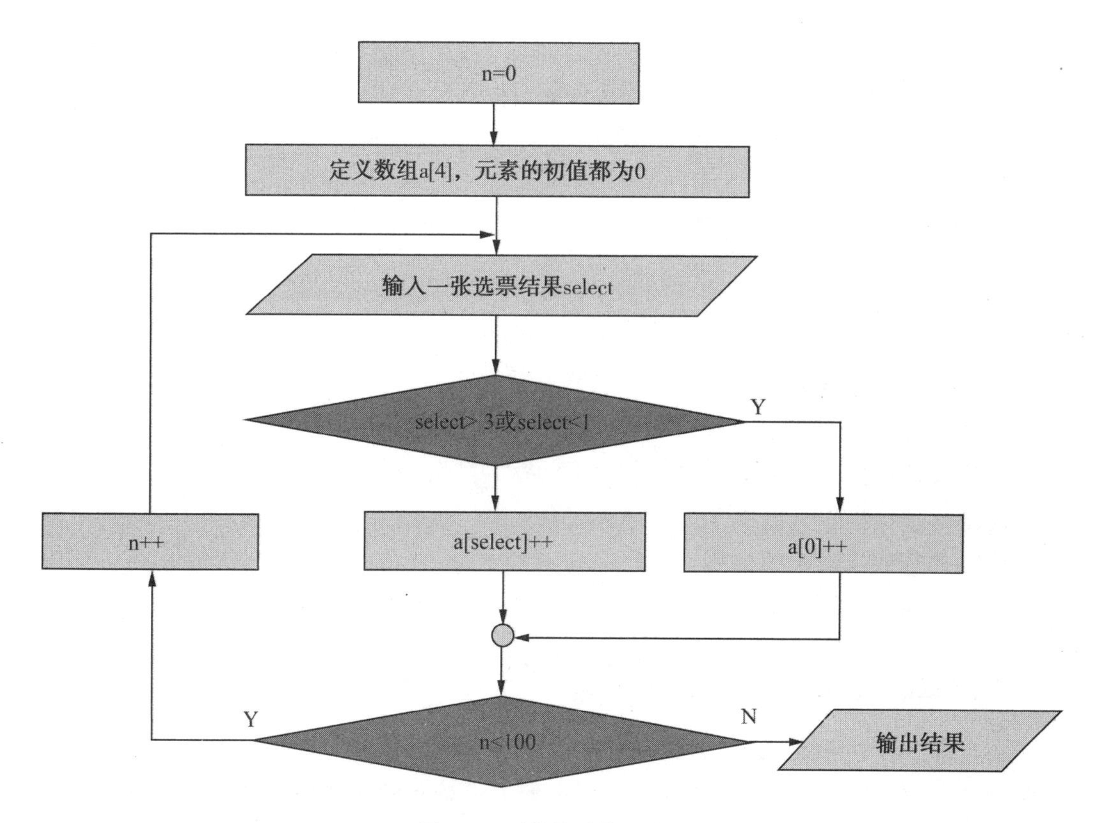

图 4.3　票数统计算法流程

下面的代码给出的程序可解决上述问题：

```
#include <iostream>
using namespace std;

int main()
{
    int n = 0, select;
    int a[4];
    do {
            cout << "请输入选择候选人的编号:";
            cin >> select;          //select 变量代表输入的编号
            if (select > 3 || select < 1)
                a[0]++;
            else
                a[select]++;
            n++;
```

```
    } while (n < 100);          //利用循环实现顺序输入 100 位同学的投票编号
    for (int i = 0; i < 4; i++)//依次输出废票以及每位候选人的票数
        cout << "a[" << i << "] = " << a[i] << '\t';
    cout << endl;
    return 0;
}
```

以 5 位同学投票简单地展示上述程序的运行结果如下：

```
请输入选择候选人的编号:1
请输入选择候选人的编号:1
请输入选择候选人的编号:2
请输入选择候选人的编号:3
请输入选择候选人的编号:4
a[0] = 1        a[1] = 2        a[2] = 1        a[3] = 1
```

二、数组的排序

在日常生活中，我们总能见到各种各样的排序：学生的学习成绩排序、生产小组的生产量排序、代表选举结果的人名排序、工厂中的人员按年龄排序……这些都可以转化为对数据的排序问题。例如，将序列〈38,47,53,11,2,5〉重新排序使新序列满足非降趋势，则为〈2,5,11,38,47,53〉。

在计算机科学中，排序是一种基本的操作，迄今为止，科研人员已经提出了很多种非常好的排序算法。排序算法：输入为 n 个数的一组序列〈$a_1, a_2, \cdots, a_n$〉，输出为输入序列重新排序后的序列($a'_1, a'_2, \cdots, a'_n$)，满足 $a'_1 \leqslant a'_2 \leqslant \cdots \leqslant a'_n$ 或 $a'_1 \geqslant a'_2 \geqslant \cdots \geqslant a'_n$。本节主要介绍两种排序算法：插入排序和冒泡排序。

插入排序是一个对少量数据进行排序的有效算法。插入排序的工作机理类似于很多人玩扑克牌时整理手中的牌的做法。在开始摸牌时，我们的左手是空的，牌面朝下放在桌子上。接着一次从桌子上摸起一张牌，然后放入左手一把牌的正确位置上。为了找到这张牌的正确位置，要把这张牌与手里全部的牌从左到右进行比较。无论什么时候，左手中的牌都是排好序的，而这些牌最初都是桌子上那副牌中最上面的一张牌。

请尝试编程实现利用插入排序对序列〈5,2,4,6,1,3,1〉重排序使其满足非降趋势排列。

编程思路：将序列的全部数据存储于一个数组 arr 中。图 4.4 演示了排序中数据位置的变换情况。

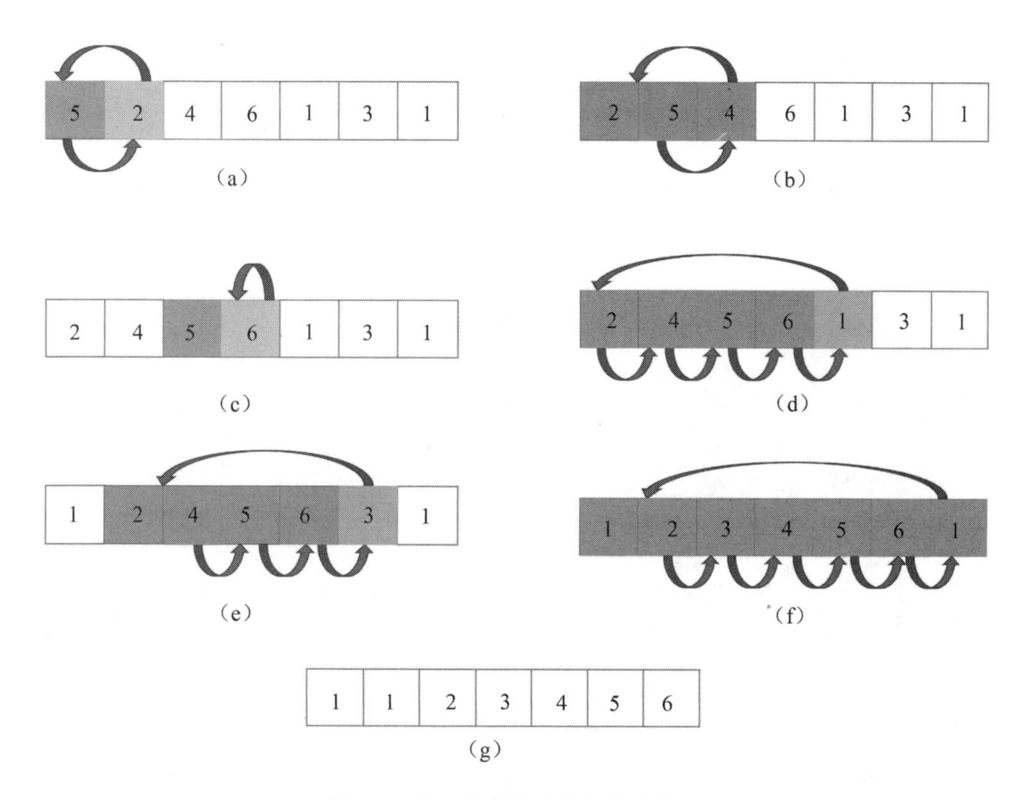

图 4.4　插入排序算法的实现过程

浅灰色方框内是当前需要进行插入排序的关键字的值，相当于玩扑克牌时刚从桌子上摸起的那张牌，在程序中用变量 key 表示。浅灰色方框左边数据的排序已经完成，相当于手里已经摆好的扑克牌；右边的白色方框内存放的数据相当于桌子上扣着的牌。插入排序算法的实现步骤如下：

(1)从 arr[1]即数组的第二个元素开始，如图 4.4(a)所示，将当前的 key 值 arr[1]与其左边的数据 arr[0]进行比较，若 key 值比它小就换位。

(2)接着按顺序取 arr[2]作为当前的 key 值，依次将其与它左边第一个、左边第二个元素进行比较，如图 4.4(b)所示，同样若 key 值比它们小就换位。

(3)key 值继续向右取值，重复上述比较、换位直至数组的最后一个元素也完成上述操作，这时我们得到的就是重新排序后的非降序列。每个 key 值都要与其左边的全部元素进行依次比较之后才能取下一个数组元素。

下面的代码可解决上述序列的插入排序问题：

```
#include <iostream>
using namespace std;

int main()
{
    int arr[] = { 5,2,4,6,1,3,1 };              //待排序序列
    int n = 7;                                    //待排序序列元素个数
    int i, j, key;                                //key是当前待排序的数
    for (i = 1;i < n;i++)
    {
        key = arr[i];
        j = i - 1;
        while (j >= 0 && arr[j] > key)
        {
            arr[j + 1] = arr[j];
            j--;                                  //j=-1时跳出循环
        }
        arr[j + 1] = key;
    }
    for (i = 0;i < n;i++)                         //输出插入排序后的数列
    {
        cout << arr[i] << endl;
    }
    return 0;
}
```

示例代码的运行结果为：

```
1    1    2    3    4    5    6
```

冒泡排序也是计算机领域的一种较为简单的排序算法。这种算法重复地走访要排序的数列，每次比较相邻的两个元素，如果没有按要求的顺序（递增或递减）摆放则交换两者位置。走访数列的工作重复进行直到没有元素需要交换为止。这个算法的名字由来是在走访数列的过程中，若要把序列重新排序为一个非减序列，最小的元素经由交换会慢慢地“浮”到数列顶端，像是气泡在水底逐渐上浮，故名“冒泡排序”。

假设对一个整型数组 a[N]进行冒泡排序，过程如下：

(1)比较 a[0]与 a[1]，如果 a[0]>a[1]，则对 a[0]与 a[1]进行交换；然后比较 a[1]与 a[2]，如果 a[1]>a[2]，则对 a[1]与 a[2]进行交换。以此类推，直至到最后两个数进行比较为止。经过第一趟冒泡排序，最大的数将被安置在最后一个元素位置上。

(2)对前 N－1 个数进行第二轮冒泡排序,排序方法相同,结果使这 N－1 个数中的最大数被安置在第 N－1 个元素的位置上。

(3)重复上述过程,通过 N－1 轮冒泡排序后,所有的数均按由小到大的顺序进行排列,整个排序过程结束。

请编程实现利用冒泡排序对序列〈9,8,5,4,2,0〉按由小到大的顺序进行排序并输出。

图 4.5 所示为走访数列的过程,由图我们可以看出 6 个数据共走访 5 趟,则 n 个数据的数列走访 n－1 趟便可完成排序。每趟的循环次数为数据个数与趟数之差。

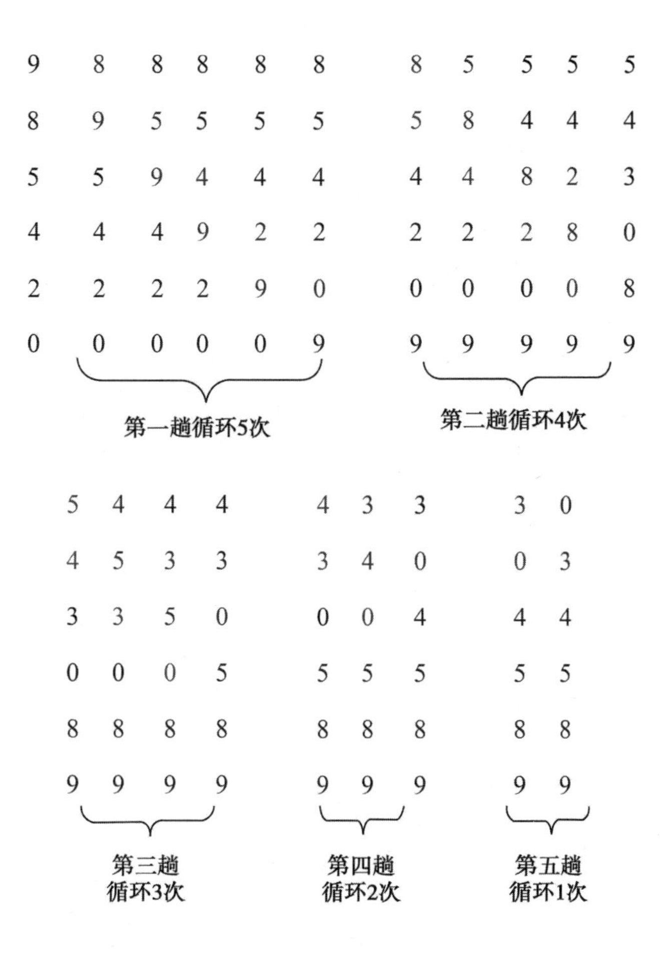

图 4.5　冒泡排序算法走访数列的过程

下面的代码可解决上述序列的冒泡排序问题。在这里要注意的是,下面程序中的趟数用整型变量 j 表示,从 1 开始计数,计到 5 为止。

```
#include <iostream>
using namespace std;

int main()
{
    int i, a[6], n, t;
    cout << "Please input six numbers" << endl;
    for (i = 0;i < 6;i++)
        cin >> a[i];                    //依次输入 6 个整型数据
    cout << "The six numbers are" << endl;
    for (i = 0;i < 6;i++)
        cout << a[i]<<'\t';             //依次输出未进行排序的 6 个数据
    cout << endl;
    n = 6;

    //下面是冒泡排序的实现代码
    for (int j = 1; j < n ; j++)        //j 是走访数列的趟数(1~5),6 个数据
                                        //要走访 5 趟
        for (i = 0; i < n- j; i++)      //每趟走访要进行(n-j)次循环比较
        {
            if (a[i] > a[i + 1])
            {
                t = a[i];
                a[i] = a[i + 1];
                a[i + 1] = t;
            }
        }
    //依次输出排序后的 6 个数据
    cout << "The numbers in adjusted order" << endl;
    for (i = 0;i < 6;i++)
        cout << a[i] << '\t';
    cout << endl;
    return 0;
}
```

上述代码的运行结果为:

```
Please input six numbers
9 8 5 4 2 0
The six numbers are
9       8       5       4       2       0
The numbers in adjusted order
0       2       4       5       8       9
```

总结如表 4.1 所示。

表 4.1　冒泡排序问题总结

	共有 6 个数					n
趟数	1	2	3	4	5	j(1～n－1)
次数	5	4	3	2	1	n－j

习题四

1. 小明想要得到一个一维整型数组[1,2,3,4,5],他写了如下语句：

```
int a[5];
for (int i=1;i<=5;i++)
    a[i]=i;
```

他写得对不对,如果不对请给出正确答案。

2. 请利用 for 循环实现下述整型数组的初始化并将结果显示在屏幕上。

0	1	4	9	16	25	36	49

3. 请写出定义一个整型二维数组并如下赋初值的程序语句：

0　1　1
1　0　0
0　0　1

4. 运用数组编写一个C++程序,计算两个矩阵的和。具体要求为：输入 m * n 的二维数组 A 和 B，计算和矩阵 C，在屏幕上按照 m * n 矩阵的排列方式显示出来。其中，m，n 为变量,由用户输入。

5. 编写一个C++程序,实现从键盘上输入若干个学生的成绩,统计出平均成绩,并输出低于平均成绩的学生成绩(输入负数代表输入结束)。

6. 编写一个C++程序,利用冒泡排序算法,实现从键盘上输入 8 个学生的成绩：49　38　65　97　76　13　27　52,按由小到大的顺序进行排序并输出。

第五章　指针与引用

变量存储在内存中都有唯一的地址，指针提供了一种访问一个对象在内存中第一个字节地址的能力。指针使程序员在编程时可以不用关心对象的实际地址而通过访问的接口来统一操纵。但同时指针也带来了更高的编程难度，因为指针的机制比较复杂，而且空指针、野指针还会带来内存泄露的问题。然而，一旦掌握了指针的用法，就可以写出更强大的程序。智能指针在一定程度上解决了指针难以使用的问题。

引用实际上是一个变量的别名，为一个变量定义引用相当于有两个名称同时指向一块内存，对引用的操作都会反映在原变量上。引用最大的用处在于描述函数的参数和返回值。引用在使用上和指针有一些相似之处。要注意的是，指针本身也是一个变量，有自己的内存；而引用仅仅是一个名称，在内存上没有自己独立的内存。

C++语言中的字符串可以使用 C 语言风格的字符串，也可以使用C++标准库提供的 string 类，string 类可以动态地生长内存，有更高的可用性。

第一节　指针的定义与使用

一、指针的概念

程序中的每个变量都有一定的数据类型，计算机系统在运行过程中会给不同类型的数据对象分配相应的内存空间以保存数据。分配的内存空间以字节为存储单元，每个字节的存储单元都有唯一的编号来表征，这个编号称为地址。如图 5.1 所示，系统为字符型变量 a 分配了地址为 0x20000000 的一个存储单元，为整型变量 b 分配了地址从 0x20000001 到 0x20000004 连续的四个存储单元。

根据内存单元的地址就可以找到所需的内存单元，通常把一个数据的内存地址称为指向该数据的指针。需要注意的是，变量的指针为该变量所占内存空间的第一个存储单元的地址，如变量 a 的指针为 0x20000000，变量 b 的指针为 0x20000001。

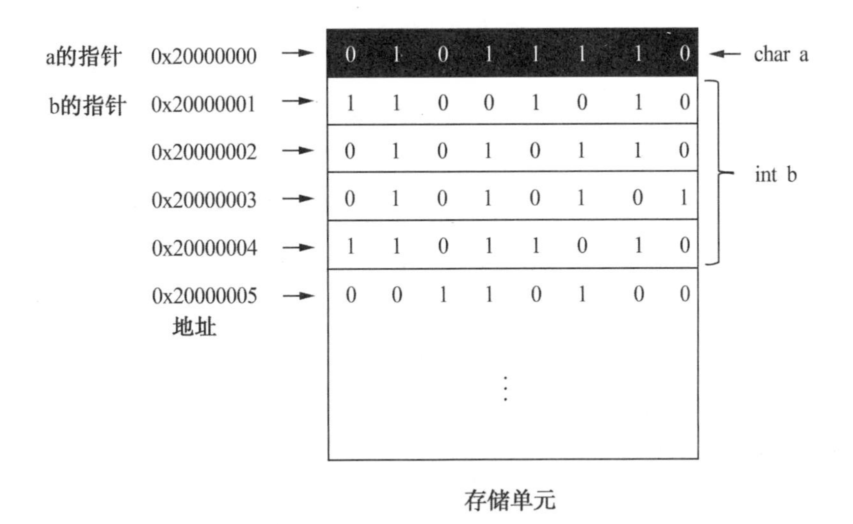

图 5.1　数据存储及指针示意图

二、指针变量的定义

在C++语言中，允许用一个变量来存放指针，这种变量称为指针变量。因此，一个指针变量的值是另一个变量的地址，通过它能查找到内存单元。

指针变量同其他普通变量一样，会占用内存空间并且可以参与运算。不同的是，指针变量存储的是其他变量的地址，只能间接访问数据。如图 5.2 所示，想要读取整型变量 a，可以有两种方式：一种是直接访问地址 0x20000000 中的数据，这种访问方式称为直接访问[见图 5.2(a)]；另一种是将整型变量 a 的地址 0x20000000 存放于指针变量 p 中，先读取 p 中的地址数据，再根据读取出的地址访问相应的内存单元，最后访问整型变量 a 的数据，这种访问方式称为间接访问[见图 5.2(b)]。

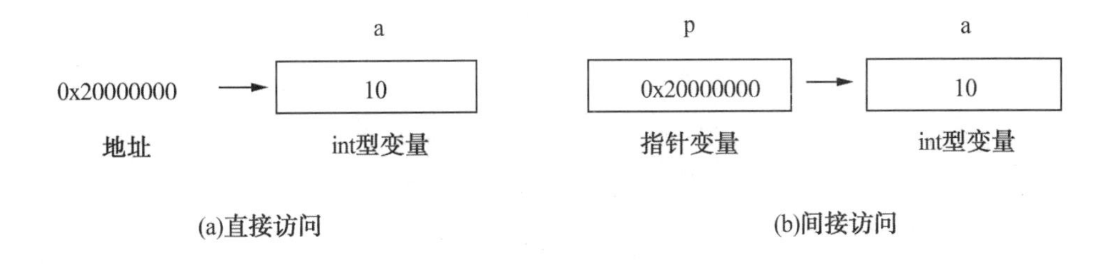

图 5.2　直接和间接访问方式

像其他变量或常量一样，在使用指针存储其他变量的地址之前，需要对其进行定义。指针变量定义的一般格式为：

类型标识符 * 指针变量名

其中类型标识符表明指针指向的数据的类型，其可以是基本的数据类型，如整型、实型等,也可以是构造数据类型,如结构体、共用体等;“ * ”为指针变量定义符,表示所定义的变量为指针变量;指针变量名为用户自定义的标识符,命名规则和普通变量相同。例如:

```
int *p1;              //定义了一个指向 int 型数据的指针变量 p1
float *p2, *p3;       //定义了两个指向 float 型数据的指针变量 p2 和 p3
double x, *p4;        //定义了一个 double 型变量 x 和一个指向 double 型
                      //数据的指针变量 p4
```

注意:

(1)“ * ”只表示所定义的变量为指针变量,而不是指针变量名的一部分。

(2)一个指针变量只能指向同一种类型的数据。

(3)指针变量的值为内存单元的地址,无论指针变量指向何种数据类型的变量,其占用的内存空间大小都是 4 个字节(在 64 位操作系统下为 8 个字节)。

(4)不允许出现同名的指针和变量,以避免编译过程的二义性。

三、指针变量的引用

指针变量同普通变量一样,在引用前不仅需要定义,还需要被赋予具体的值。未经赋值的指针变量,其存储的是系统分配的随机地址。在这种情况下访问指针变量可能会改变存放重要数据的内存单元,造成系统混乱,甚至死机。指针变量的赋值只能赋予地址,其一般格式有两种:

(1)指针变量初始化的格式为:

类型标识符 * 指针变量名 = 地址表达式

地址表达式既可以是地址常量,如 0x20000000,也可以使用取地址运算符“&”来获得地址值。“&”作为取地址运算符时是一个单目运算符,其作用是返回操作对象的地址。其使用的一般形式为:

& 变量名

例如:

```
int *p1 = (int *) 0x20000000;   //将地址 0x20000000 赋给指针变量 p1
int x = 10, *p2= &x;            //在初始化过程中通过取地址运算符
//“&”取得 x 的地址并赋给指针变量 p2,即指针 p2 指向变量 x
```

(2)指针变量在定义后被赋值的语法格式为:

指针变量名 = 地址表达式

例如:

```
int y = 10, *p3;
//定义了一个 int 型变量 y 和一个指向 int 型数据的指针变量 p3
p3 = &y;//通过取地址运算符“&”取得 y 的地址并赋给指针变量 p3,
//即指针 p3 指向变量 y
```

取地址运算符“&”可以获得变量的地址，而为了获得指针变量所指的对象，C++语言提供了指针运算符“*”，它与取地址运算符“&”互为逆运算符。指针运算符“*”为单目运算符，后面的操作数是一个指针变量，其作用是返回该指针所指向的对象，语法格式为：

*指针变量

例如：

```
int x = 10, *p;
p = &x;
cout << *p << endl;
//输出指针变量 p 所指向的变量 x 的值，输出结果为 10，访问方式为间接访问
cout << x << endl;
//输出变量 x 的值，输出结果为 10，访问方式为直接访问
```

需要说明的是，指针运算符“*”与指针变量定义符“*”不相同。在指针变量定义中，指针变量定义符“*”表示其后所定义的变量为指针变量。在表达式中，指针运算符“*”用以表示指针变量所指的对象。

四、指针变量的运算

指针变量存放的是对象的地址，对指针变量的操作实际上就是对地址的操作，不会对对象产生影响。指针的运算包括赋值、算术及关系运算。指针的赋值运算前面已经介绍，此处不再赘述。

指针的算术运算主要包括两大类：

1. 指针与整数的加减运算：p+n、p-n

指针变量存储的是对象的地址，指针与整数的加减运算针对的也是地址的操作。与普通的加减运算不同的是，地址的运算是先使 n 乘以一个比例因子，再与地址进行加减运算。该比例因子就是指针所指向变量的数据类型在存储空间实际所占字节数。p+n 实际为 p+(n*比例因子)，而 p-n 实际为 p-(n*比例因子)，此处的“*”为乘法运算。例如：

```
int x = 10, *p1, *p2, *p3;
p1 = &x;
p2 = p1 + 2;
p3 = p1 - 2;
cout << "p1 的值为:" << p1 << endl;
cout << "p2 的值为:" << p2 << endl;
cout << "p3 的值为:" << p3 << endl;
```

p2 输出的值会比 p1 输出的值多 8 个字节，这是因为指针 p1 和 p2 所指向的数据类型为 int 型，int 型数据在存储空间中占据 4 个字节，p1+2 实际为 p1+(2*4)。同理，p3 输出的值会比 p1 输出的值少 8 个字节。

指针与整数的加减运算的特例是指针的自增、自减运算：p++、p--、++p、--p，如p++就等价于p=p+1。由于自增和自减运算的可读性相对较差，尤其是与指针运算符“*”联合使用时，容易出错，因此不建议使用。

2. 指针间的相减运算：p-q

指针间的相减运算是指两个同类型的指针，且指向与它们类型相同的同一个数组时，这两个指针相减的结果为它们指向地址之间相差数据元素的个数。例如：

```
int a[10], *p1, *p2;          //定义 int 型指针和数组
p1 = &a[5];                   //将数组序号为 5 的元素的地址赋给指针 p1
p2 = &a[0];                   //将数组序号为 0 的元素的地址赋给指针 p2
cout << "p1-p2 的值为:" << p1-p2 << endl;          //输出 p1-p2 的值
```

输出结果为“p1-p2 的值为:5”。这是因为a[0]作为数组的第1个元素，a[5]作为数组的第6个元素，两者之间相差数据元素的个数为5。

指针的关系运算一般在指向相同类型变量的指针之间进行，表示它们所指向的变量在内存中的位置关系以及判断指针是否为空。两个指针必须指向同一连续存储空间，比如指向同一数组。两个指针的关系运算一般有==、!=、<、<=、>以及>=。例如：

```
int a;
int* p1 = &a, *p2 = p1;
```

两个指针中保存的地址一致，进行p1==p2的运算，其结果为1(true)。

五、代码示例

下面的代码演示了指针的定义、取地址运算符“&”以及指针运算符“*”的用法。

```
#include <iostream>
using namespace std;

int main()
{
    int a, b;                         //定义 int 型变量 a 和 b
    int *p1, *p2;                     //定义 int 型指针变量 p1 和 p2
    p1 = &a;                          //给指针变量 p1 赋值变量 a 的地址
    p2 = &b;                          //给指针变量 p2 赋值变量 b 的地址
    *p1 = 10;                //通过指针对指针变量 p1 所指向的变量 a 赋值
    *p2 = 100;               //通过指针对指针变量 p2 所指向的变量 b 赋值
    cout << "a 的值为:" << a << endl;                          //输出 a 的值
    cout << "b 的值为:" << b << endl;                          //输出 b 的值
```

```
    cout << " * p1 的值为：" <<  * p1 << endl;
    //输出指针变量 p1 所指向变量的值
    cout << " * p2 的值为：" <<  * p2 << endl;
    //输出指针变量 p2 所指向变量的值
    return 0;
}
```

对于上面的代码，会产生下面的输出：

```
a 的值为:10
b 的值为:100
 * p1 的值为:10
 * p2 的值为:100
```

指针变量存放的是对象的地址，对指针变量的操作实际上就是对地址的操作，不会对对象产生影响。下面的代码将展示这一特性。

```
#include <iostream>
using namespace std;

int main()
{
    int * p1, * p2, * p, a, b;       //定义 int 型指针和变量
    cin >> a >> b;                   //通过键盘输入，为变量 a,b 赋值
    p1 = &a;                         //将变量 a 的地址赋给指针变量 p1
    p2 = &b;                         //将变量 b 的地址赋给指针变量 p2
    cout << "交换前 a 的值为：" << a << endl;
    cout << "交换前 b 的值为：" << b << endl;
    cout << "交换前指针 p1 指向的变量值为：" << * p1 << endl;
    cout << "交换前指针 p2 指向的变量值为：" << * p2 << endl;

    if (a < b)                       //如果 a 的值小于 b 的值，进行地址交换
    {
        p = p1;                      //将指针变量 p1 的值赋给 p
        p1 = p2;                     //将指针变量 p2 的值赋给 p1
        p2 = p;
        //将指针变量 p 的值赋给 p2，至此地址交换完成
    }
    cout << "交换后 a 的值为：" << a << endl;
```

```
    cout << "交换后 b 的值为:" << b << endl;
    cout << "交换后指针 p1 指向的变量值为:" << *p1 << endl;
    cout << "交换后指针 p2 指向的变量值为:" << *p2 << endl;
    return 0;
}
```

如果键盘输入 10,100,即为变量 a 和 b 分别赋值 10 和 100,执行 if 条件语句进行地址交换,会产生下面的输出:

```
交换前 a 的值为:10
交换前 b 的值为:100
交换前指针 p1 指向的变量值为:10
交换前指针 p2 指向的变量值为:100
交换后 a 的值为:10
交换后 b 的值为:100
交换后指针 p1 指向的变量值为:100
交换后指针 p2 指向的变量值为:10
```

第二节　指针与数组

一、数组的指针

数组是由单一类型的元素组成的有序数据集合,在内存中顺序排列于连续的存储单元中。每个数组元素按其类型不同占有几个连续的存储单元。数组与变量一样,在内存中占据存储单元,有地址,一样可以用指针来表示。数组元素的指针就是数组元素的地址。数组元素的地址指的是它占有的几个连续存储单元中的第一个存储单元的地址。以 int 型、10 个元素的数组 a 为例,每个元素占据 4 个字节的存储空间,第一个数组元素 a[0]占据的存储空间为地址从 0x20000000 到 0x20000003 的 4 个存储单元,其地址为 0x20000000,同理 a[1]的地址为 0x20000004,以此类推,如图 5.3 所示。指向数组元素的指针变量的定义方式与普通的指针变量的定义方式一致。例如:

```
int a[10], *p;   //定义 int 型的包含 10 个数组元素的数组 a 以及指针变量 p
p = &a[0];
//将数组第一个元素的地址赋给 p,也即 p 指向数组 a 的第一个元素 a[0]
```

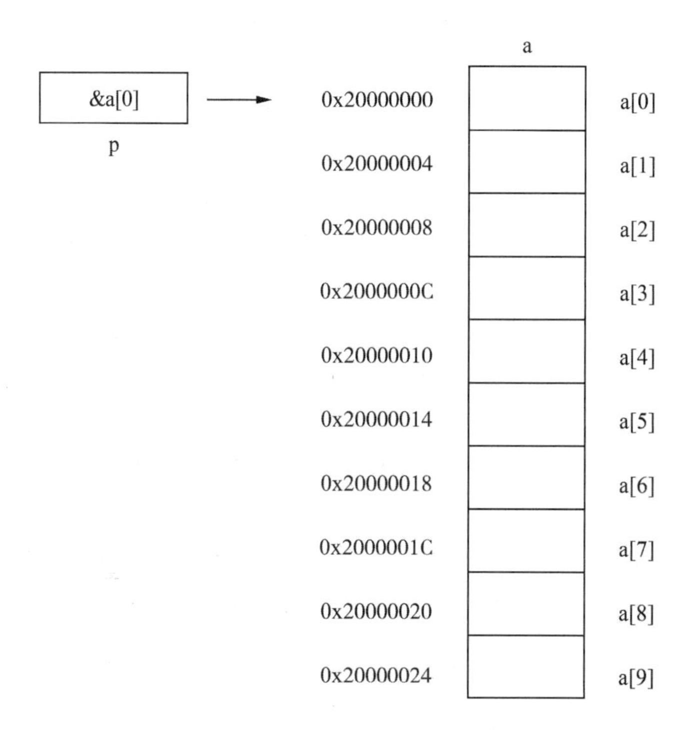

图 5.3　指针与数组的关系

C++中规定，数组名代表数组的首地址，即第一个数组元素的地址。因此数组的指针就是数组的起始地址，p=a 就等价于 p=&a[0]。例如：

```
int a[10], *p;
p = &a[0];      //将数组第一个元素的地址赋给 p
p = a;          // C++规定数组名代表数组的首地址，将其直接赋给 p
```

上述两种赋值方式等价。通过赋值，p、a 以及 &a[0]指向相同，既是数组 a 的首地址，也是数组 a 中第一个元素的地址。需要注意的是，p 是变量，a 和 &a[0]是常量。也可以在初始化时对指针进行赋值，例如：

```
int a[10];
int *p1 = &a[0], *p2 = a;   //初始化时对指针进行赋值
```

二、利用指针访问数组元素

如果指针 p 指向数组中的某一个元素，则 p+1 指向同一数组的下一个元素，而不是下一个字节。如果 p 的初值为 &a[0]，则 p+i 和 a+i 代表 a[i]的地址 &a[i]，或者说指向数组 a 的第 i+1 个元素，*(p+i)和 *(a+i)就是 p+i 和 a+i 所指向的数组元素，即a[i]。

数组元素的访问有两种方式:一种是利用下标访问,即用 a[i]直接访问数组元素;另一种是利用指针,如果 p 的初值为 &a[0],则可以采用 *(p+i)和 *(a+i)的形式间接访问数组元素,a[i]也就等同于 *(a+i)或者 *(p+i)。

三、多维数组与指针

用指针变量也可以指向多维数组。作为一维数组的扩展,多维数组的指针可以利用一维数组的概念来标记一些写法。例如 int a[3][4],定义的是一个 3 行 4 列的多维数组 a,可以看作元素 a[0]、a[1]和 a[2]组合成的一个一维数组,这个一维数组的每个元素 a[0]、a[1]和 a[2]又是一个具有 4 个 int 型数据的一维数组,如图 5.4 所示。这个数组的首地址为 0x20000000,也即第一个元素 a[0][0]的地址。

	0x20000000	0x20000000	0x20000004	0x20000008	0x2000000C
	a[0]	a[0][0]	a[0][1]	a[0][2]	a[0][3]
0x20000000	0x20000010	0x20000010	0x20000014	0x20000018	0x2000001C
a	a[1]	a[1][0]	a[1][1]	a[1][2]	a[1][3]
	0x20000020	0x20000020	0x20000024	0x20000028	0x2000002C
	a[2]	a[2][0]	a[2][1]	a[2][2]	a[2][3]

图 5.4　多维数组与指针的关系

与一维数组类似,指针表示的同样是多维数组的首地址。不同的是,定义指向多维数组的指针时,需要将指针定义成一个指向一维数组的指针。例如:

```
int a[3][4];
int ( * p)[4];              //定义与数组同类型的指针 p,列数与数组的列数相同
p = a;                      // p 和 a 的值具有相同的指针类型,均为 int ( * )[4]类型
```

指针可以对多维数组中的元素进行引用。使用指针对二维数组 a[m][n]中的元素进行引用时,有如下公式:

(1) *(a+0)= * a=a[0]=&a[0][0];

(2) *(a+0)+1= * a+1=a[0]+1=&a[0][1];

(3) *(a+i)+j=a[i]+j=&a[i][j];

(4)a[i][j]= *(a[i]+j) =(*(a+i))[j]= *(*(a+i)+j)。

四、代码示例

下面的代码演示了利用指针访问数组元素并进行赋值的用法。

```
#include <iostream>
using namespace std;

int main()
{
    int a[5];         //定义一个 int 型、含 5 个元素的数组 a
    int * p = a;  //为指针变量 p 赋初值为数组的地址(第一个元素的地址)
    int i;

    * p = 1;      //通过指针变量为数组的第一个元素赋值 1

    p = p + 1;  //指针加 1,变为数组第二个元素的地址
    * p = 2;      //通过指针变量为数组的第二个元素赋值 2

    * ++p = 3;
    //指针自增运算,指向数组第三个元素的地址,并为数组第三个元素赋值 3

    * (p + 1) = 4;
    // p + 1 为数组第四个元素的地址,通过指针变量为数组第四个元素赋值 4

    a[4] = 5;         //利用下标直接访问数组的第五个元素并赋值 5

    cout << "数组 a 中的元素为:" << endl;
    for (p = a; p < a + 5; p++)
    {
        cout << * p << '\t';          //输出指针指向的数据
    }
    cout << '\n';

    p = a;
    for (i = 0; i < 5; i++)
    {
        cout << * p++ << '\t';  // * p,p=p+1,输出数据后指针加 1
    }

    return 0;
}
```

对于上面的代码，会产生下面的输出：

```
数组 a 中的元素为：
1   2   3   4   5
1   2   3   4   5
```

第三节　指针与字符串

一、字符串的指针

字符串的指针指的是字符串在内存中的起始地址，即首地址。通过定义一个字符型指针变量来存储字符串的首地址，可以指向一个字符串。C++中规定，字符串名代表字符串的首地址，因此字符串的指针变量可以通过如下方式进行定义：

```
char str1[10] = "abcdefg";
char * p1 = str1;
```

使用字符数组和字符串指针变量都可实现字符串的存储和运算。字符数组是由若干个数组元素组成的，存放整个字符串时以'\0'为标志结束。使用字符数组存储字符串如下所示：

```
char str[] = "I love China";
```

需要注意的是，str 为数组名，代表数组的首地址，是一个常量，不能对其进行整体赋值。例如：

```
char str[20];
str = "I love China";   //语句错误，str 为常量，不能赋值
```

要想对 str 赋值，可以对字符数组的各个元素逐个赋值，或者使用如下语句：

```
strcpy(str, "I love China")
cin.getline(str);   //从键盘输入
```

因为数组名 str 代表字符数组的首地址，是一个指针常量，因此输出时可以直接输出如下：

```
cout << str;
```

用字符串指针变量实现字符串的存储和输出时，字符串指针变量中存储的是指向内存中字符串常量的首地址：

```
char * str = "I love China";
```

变量 str 存储的是字符“I”的地址，也即字符串的首地址。Visual Studio 2019 版本中，C++语言规定的字符串的类型为 const char *，因此在字符串指针声明时采用 const char *。例如，上述语句在 Visual Studio 2019 中的定义格式如下所示：

```
const char *str = "I love China";
```

二、标准库类型 string 类

标准库类型 string 类支持长度可变的字符串，C++标准库将负责管理、存储与字符串相关的内容，以及提供各种有用的操作。标准库类型 string 类的作用是满足对字符串的一般应用。使用 string 类型时首先必须包含 string 头文件。作为标准库的一部分，string 定义在命名空间 std 中，程序书写时需要包含以下语句：

```
#include <string>
using std::string;
```

下面介绍最常用的 string 操作。

1. 定义和初始化 string 对象

初始化 string 对象的方式如表 5.1 所示。

表 5.1 初始化 string 对象的方式

string s1	默认初始化，s1 是一个空字符串
string s2(s1)	s2 是 s1 的副本
string s2=s1	等价于 s2(s1)，s2 是 s1 的副本
string s3(“Value”)	s3 是字面值“Value”的副本，除了字面值最后的空字符
string s3=“Value”	等价于 s3(“Value”)，s3 是字面值“Value”的副本
string s4(n, ‘c’)	把 s4 初始化为由连续的 n 个字符组成的字符串

2. string 对象上的操作

string 类不仅规定了初始化对象的方式，也定义了对象上所能执行的操作。表 5.2 展示了 string 的常用操作。

表 5.2 string 的常用操作

os <<s	将 s 写到输出流 os 当中，返回 os
is >>s	从 is 中读取字符串赋给 s，字符串以空白符分隔，返回 is
getline(is,s)	从 is 中读取一行赋给 s，返回 is
s. empty()	s 为空返回 true，否则返回 false
s. size()	返回 s 中字符的个数
s[n]	返回 s 中第 n 个字符的引用，位置 n 从 0 记起

续表

s1+s2	返回 s1 和 s2 连接后的结果
s1=s2	用 s2 的副本代替 s1 中原来的字符
s1==s2	判断 s1 和 s2 所含的字符是否完全相同，如果所含的字符完全相同，则它们相等
s1!=s2	判断 s1 和 s2 所含的字符是否不同，如果所含的字符不完全相同，则它们不相等
<,<=,>,>=	利用字符在字典中的顺序进行比较，且对字母的大小写敏感

3. string 对象中字符的处理

string 类除了可以对整个字符串进行操作，也可以对字符串中的单个字符进行处理。表 5.3 展示了 string 对象中字符的处理。

表 5.3　string 对象中字符的处理

isalnum(c)	当 c 是字母或数字时为真
isalpha(c)	当 c 是字母时为真
iscntrl(c)	当 c 是控制字符时为真
isdigit(c)	当 c 是数字时为真
isgraph(c)	当 c 不是空格但可打印时为真
islower(c)	当 c 是小写字母时为真
isprint(c)	当 c 是可打印字符时为真
ispunct(c)	当 c 是标点符号时为真
isspace(c)	当 c 是空白时为真
isupper(c)	当 c 是大写字母时为真
isxdigit(c)	当 c 是十六进制数字时为真
tolower(c)	如果 c 是大写字母，输出对应的小写字母；否则原样输出
toupper(c)	如果 c 是小写字母，输出对应的大写字母；否则原样输出

三、代码示例

下面的代码演示了使用字符数组和字符串指针访问字符串的用法：

```
#include <iostream>
using namespace std;

int main()
```

```
{
    char string1[15] = "I love China!";          //将字符串赋值给字符数组
    cout << string1 << endl;                     //输出字符数组中的字符串

    const char* string2 = "I love China!";       //将字符串赋值给字符串指针
    cout << *string2 << endl;
    // string2 存储的是字符串第一个字符的地址

    const char* string3 = "I love China!";       //将字符串赋值给字符串指针
    cout << string3 << endl;                     //输出字符串

    return 0;
}
```

对于上面的代码，会产生下面的输出：

```
I love China!
I
I love China!
```

第四节　动态存储分配

一、动态存储分配

在定义变量或数组的同时也在内存中为其开辟了指定的固定空间，即静态存储空间。一经定义，即为固定地址的空间，在内存中不能被别的变量占用。例如：

```
int n, a[10];
char str[100];
```

定义 int 型整数 n、数组 a[10]以及字符串 str[100]时，系统为其在内存中分别开辟了 4 个、40 个以及 100 个字节的内存空间存储数据，这些内存空间不能被其他变量占用。

然而，在实际使用过程中，我们有时需要根据实际需求开辟空间，如学校输入学生的成绩时。因为每个班的学生人数不同，所以一般会将人数定得很大，这样会占用很大的内存，造成内存空间的浪费。例如：

```
int score[40];                                   //存入某班学生的某门课成绩
```

程序会在内存中开辟 40 个 int 型数据空间存放学生的成绩。如果一个班级只有

20 人，则会有一半的内存空间被浪费。由此可见，在实际编写程序时，需要使用的内存空间大小并不是固定的。C++语言提供了动态存储分配方法。

不同于编译器在编译程序时对程序中的变量、数组等分配内存空间的静态存储分配，动态存储分配能实现在程序运行期间，根据实际需要随时申请内存空间，并且在所分配空间不需要时进行释放。

二、动态存储分配的实现

C++语言中用 new 和 delete 运算符实现动态存储分配。在 C 语言中使用的是 malloc 和 free。

new 运算符实现在动态内存中为对象分配指定数据类型所需的内存空间，即在程序中动态开辟内存空间。若分配成功，则返回指向该对象的指针，即首地址；否则，返回一个空指针。

使用 new 运算符为任意的数据类型动态分配内存空间的语法格式如下：

指针变量＝new 类型标识符(初始值)

例如：

```
int *p = new int(10);
//动态分配一个整型内存单元，并将其初始化为 10
double *pd;
pd = new double;            //动态分配一个 double 型内存单元
```

new 运算符也可以用于动态申请一个数组空间，语法格式如下：

指针变量＝new 数据类型[下标表达式]

例如：

```
int *p = new int[5];          //申请存储长度为 5 的一个整型数组的空间
```

使用 new 运算符为数组分配空间时，不能在分配空间时进行初始化。例如：

```
int *p = new int[5] = { 1,2,3,4,5 };             //错误！不可初始化
```

用 new 运算符开辟的内存单元如果程序不“主动”收回，那么这段空间就一直存在。因此需要一个运算符对 new 开辟的内存单元进行释放。delete 运算符接受一个动态对象的指针，销毁该对象，并将动态分配到的内存空间归还系统，使用格式为：

delete 指针变量

例如：

```
int *point = new int(10);
......                        //中间语句，在此期间，point 指针不能重新赋值
delete point;
```

delete 也可以收回用 new 开辟的连续的空间，例如：

```
int * point;
point = new int[5];
delete []point;                                    //删除 point 所指向的数组
```

注意:new/delete 和 new[]/delete[]要严格配套使用,搭配错误是未定义行为,可能造成严重后果。

三、智能指针 shared_ptr

动态内存的使用很容易出现问题,因为确保在正确的时间释放内存是极其困难的。如果忘记释放内存,就会产生内存泄露;如果在尚有指针引用内存的情况下对其进行释放,就会产生引用非法内存的指针。

为了更加简便安全地使用动态内存,确保用 new 动态分配的内存空间在程序的各条执行路径上都能被释放,C++11 引入了智能指针 shared_ptr,自动释放内存,解决了该何时删除指针所指向的对象(释放内存)的问题。shared_ptr 被定义在〈memory〉头文件中,编写程序时需要包含该头文件。

引用计数是实现智能指针的一种通用方法。每一个 shared_ptr 都与一个计数器相关联,引用计数跟踪共有多少个其他 shared_ptr 指向相同的对象。它的具体做法如下:

(1)当创建类的新对象时,初始化 shared_ptr,与其关联的计数器设置为 1。

(2)当用 shared_ptr 初始化另一个 shared_ptr,或者作为参数传递给一个函数以及作为函数的返回值时,与其关联的计数器就会递增;当给 shared_ptr 赋予一个新值或是将其销毁(比如一个局部的 shared_ptr 离开作用域)时,与其关联的计数器就会递减。

(3)如果关联的计数器变为 0,shared_ptr 就会自动释放自己所管理的对象。

假设托管指针的 shared_ptr 对象叫作 ptr,定义格式有如下两种:

shared_ptr 〈数据类型〉 ptr (new 数据类型)

shared_ptr 〈数据类型〉 ptr = new 运算符返回的指针

注意:不要用一个原始指针初始化多个 shared_ptr;ptr 可以像 new 运算符返回的指针一样使用,即 * ptr 就是用 new 动态分配的那个对象。

四、代码示例

下面的代码演示了使用 new 和 delete 来创建和释放动态数组的方法:

```
#include 〈iostream〉
using namespace std;

int main()
{
    /* * * * * * 为数据类型分配动态内存 * * * * * */
```

```
int * point1 = new int(10);              //给一个整型数据分配动态内存
cout << "point1 指向的对象内容为:" << * point1;
cout << endl;
delete point1;                           //释放内存

/* * * * * * 为一维数组分配动态内存 * * * * * */
int * point2 = new int[10];              //给一维数组分配动态内存
for (int i = 0; i < 10; i++)
{
    point2[i] = i;                       //给一维数组赋值
}
cout << "point2 指向的对象内容为:" << endl;
for (int i = 0; i < 10; i++)
{
    cout << point2[i] << "\t";
}
cout << endl;
delete[] point2;                         //释放内存

/* * * * * * 为二维数组分配动态内存 * * * * * */
int * * point3 = new int * [10];    //给二维数组的行指针分配动态内存
for (int i = 0; i < 10; i++)
{
    point3[i] = new int[10];             //给二维数组的每行分配动态内存
}

for (int i = 0; i < 10; i++)             //给二维数组赋值
{
    for (int j = 0; j < 10; j++)
    {
        point3[i][j] = i * 10 + j;
    }
}
cout << "point3 指向的对象内容为:" << endl;
for (int i = 0; i < 10; i++)
{
    for (int j = 0; j <10; j++)
```

```
        {
            cout << point3[i][j] << "\t";
        }
        cout << endl;
    }
    for (int i = 0; i < 10; i++)                    //释放二维数组(反过来)
    {
        delete[] point3[i];
    }
    delete[] point3;

    return 0;
}
```

对于上面的代码,会产生下面的输出:

```
point1 指向的对象内容为:10
point2 指向的对象内容为:
0	1	2	3	4	5	6	7	8	9
point3 指向的对象内容为:
0	1	2	3	4	5	6	7	8	9
10	11	12	13	14	15	16	17	18	19
20	21	22	23	24	25	26	27	28	29
30	31	32	33	34	35	36	37	38	39
40	41	42	43	44	45	46	47	48	49
50	51	52	53	54	55	56	57	58	59
60	61	62	63	64	65	66	67	68	69
70	71	72	73	74	75	76	77	78	79
80	81	82	83	84	85	86	87	88	89
90	91	92	93	94	95	96	97	98	99
```

第五节　引　用

一、引用类型

引用是C++语言的一种新的变量类型,是对C语言的重要扩充。它的作用是为变量起一个别名,这个名字称为该变量的引用。其定义格式如下:

〈数据类型〉&〈引用变量名〉=〈原变量名〉

其中原变量名必须是一个已经定义且类型相同的变量,引用变量定义后不能再指向其他变量。注意:此处的“&”表示所定义的变量为引用变量,不是取地址运算符“&”。例如:

```
int max;
int& refmax=max;      // refmax 并没有重新在内存中开辟单元,只是引用
//max 的单元。max 与 refmax 在内存中占用同一地址,即同一地址两个名字
```

引用完成后,引用就成为原变量的替代名,所有对引用的操作都相当于对原变量的操作。

引用在使用过程中需要注意以下几点:

(1)引用在定义的时候要初始化。例如:

```
int& refmax;          //错误,没有具体的引用对象
int& refmax=max;     //正确,max 是已定义过的变量
```

(2)引用类型变量的初始化值不能是一个常数。例如:

```
int& rmax = 5;       //错误,引用对象为常数
```

(3)对引用的操作就是对被引用的变量的操作。

二、引用与指针

引用与指针作为C++语言中基于其他类型定义的类型,两者具有一定的相似之处,即它们都是对某个内存空间进行间接操作的手段。两者的不同之处有:指针是独立的,而引用是不独立的。指针有自己的内存空间存放指针值,而引用只是一个符号而已。引用必须初始化,而一旦被初始化后不得再作为其他变量的别名。

三、代码示例

下面的代码演示了引用变量和原变量之间的关系:

```
#include <iostream>
using namespace std;

int main()
{
    int max;
    int& rmax = max;//引用
    max = 3;         //为 max 赋值 3
    rmax = 5;        //为 rmax 赋值 5,max 的值也同时变成了 5
    rmax += 2;       // rmax 的值加 2 变成了 7,max 的值也同时变成了 7
```

```
    cout << max << endl;
    cout << rmax << endl;

    return 0;
}
```

对于上面的代码,会产生下面的输出:

```
7
7
```

习题五

1. 下列程序的输出值是(　　)。

```
int main()
{
    int x[] = { 1,2,3 };
    int s, i, *p;
    s = 1;
    p = x;
    for (i = 0; i < 3; i++)
    {
        s *= *(p + i);
    }
    cout << s << endl;
    return 0;
}
```

A. 36　　B. 12　　C. 6　　D. 不确定

2. 下列程序输出的字符串 a 为(　　),字符串 b 为(　　)。

```
int main()
{
    char a[] = "I am a boy", b[] = "I am a student", *p1, *p2;
    int i;
    p1 = a;
    p2 = b;
```

```
    for (; *p1 != '\0'; p1++, p2++)
     *p2 = *p1;
     *p2 = '\0';
    cout << a << endl;
    cout << b << endl;
    return 0;
}
```

A. I am a boy　　B. I am a student　　C. I am a boydent　　D. dent

3. 请你解释指针与引用的相同点与不同点，并说明对两者进行操作时更改的数据是什么。

4. 运用数组编写一个C++程序，计算两个矩阵的乘积，具体要求为：输入 m * n 的二维数组 A 和 n * r 的二维矩阵 B，按照两个矩阵相乘的法则，计算乘积矩阵 C，在屏幕上按照标准 m * r 矩阵的排列方式显示出来。其中，m，n 和 r 为变量，由用户输入（注：用指针进行编写）。

第六章　结构体与共用体

C++语言除了支持 char、int、float 等基本数据类型外，还支持自定义数据类型，如结构体和共用体，用来描述一组由不同类型变量组成的数据集合。结构体是将不同类型的数据有序组合在一起的数据集合，是用户自定义的数据类型。共用体是一种类似于结构体的构造型数据类型，它允许不同类型和不同长度的数据共享同一块存储空间。但是在指定时刻，只能有一个成员变量的值是完整的有效值。结构体和共用体均涉及其定义、使用、变量、数组和指针等内容。在接下来的内容中，将分别对结构体和共用体进行介绍。

第一节　结构体

在程序的设计中，会遇见一些关系密切、具有内在联系但数据类型不同的数据。例如表 6.1，登机乘客的信息包括编号、姓名、年龄、性别、体重、行李质量以及所选套餐等，这些数据有的是字符，有的是数字，其数据类型不同。对于这样一组数据，可以用结构体来处理。

表 6.1　登机乘客的信息

No	Name	Age	Sex	Weight	Luggage	Meal
1	David	21	M	89.9	495.2	A
2	Kate	14	F	54.2	376.3	B
3	John	70	M	74.2	469.6	B
4	Mary	46	F	62.7	412.7	A

一、结构体的定义和初始化

结构体是将不同类型的数据有序组合在一起的数据集合，是用户自定义的数据类型，需要先定义再使用。结构体的定义格式如下：

```
struct 结构体名
{
    类型标识符 1 成员名 1;
    ……
    类型标识符 n 成员名 n;
};
```

struct 是结构体类型的标志，结构体名是自定义的结构体类型名，每一个结构体都有一个名字，所有成员都组织在该名字下。成员名是结构体类型中成员的名字，一个结构体由若干个成员组成，每个成员的数据类型可以不同也可以相同。此外，结尾处的分号不可缺少。例如，定义登机乘客信息的结构体如下：

```
struct passenger
{
    int no;
    char name[20];
    int age;
    char sex;
    float weight;
    float luggage;
    char meal;
};
```

二、结构体的使用

结构体变量为自定义结构体数据类型的变量，定义结构体类型变量时要开辟内存空间，其在内存中所占的存储空间等于各成员存储空间的总和（不考虑内存对齐的前提下）。结构体变量同其他变量一样也必须先声明再定义，然后才能引用。结构体变量的定义有如下三种方式：

1. 先定义结构体类型再定义变量名，其定义格式为：

```
struct 结构体名
{
        成员列表;
};
结构体名      变量名列表
```

例如：

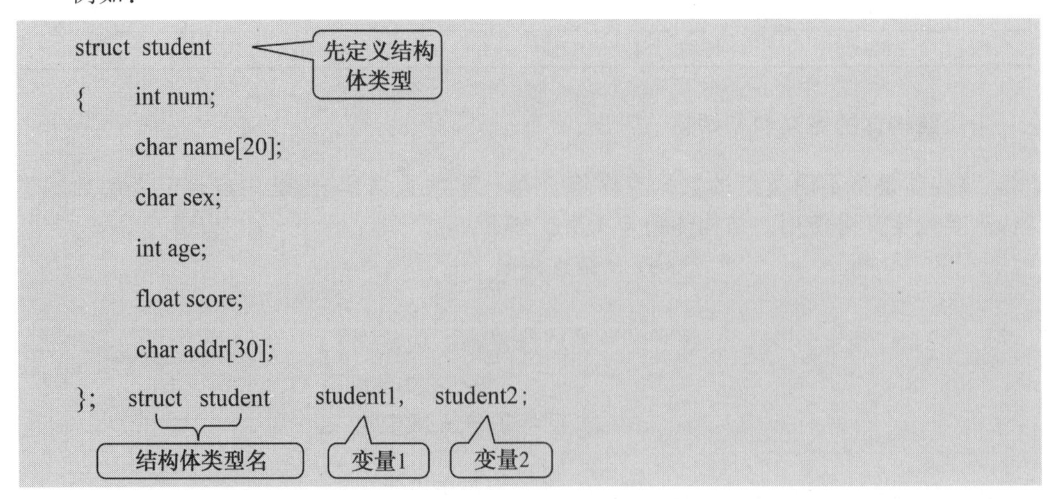

```
struct  date
{
        int day;     int month;      int year;
};
    struct  student
{
        char  name[20];
        struct date birthday;   一个结构体中可包含其他结构体的变量
};
   struct student stu;
```

```
# define STUDENT struct student
STUDENT                         利用宏简化程序
{
      int num;
      char name[20];
      char sex;
      char addr[30];             凡是有STUDENT的地方都用struct student机械替换
};
STUDENT student1, student2;
```

2.在定义结构体类型的同时定义变量名,其定义格式为:

```
struct 结构体名
{
    成员列表
} 变量名列表;
```

例如:

```
struct student
{
    int num;
    char name[20];
    char sex;
    int age;
    float score;
    char addr[30];
} student1, student2;
```

这种定义方法的特点是定义一次结构体变量同时也声明了一种结构体类型，在程序的其他位置可以用声明的结构体类型继续定义结构体变量。

3. 不定义结构体类型名，只定义结构体变量名，其定义格式为：

```
struct
{
    成员列表
}  变量名列表;
```

例如：

```
struct //不出现结构体名
{
    int num;
    char name[20];
    char sex;
    int age;
    float score;
    char addr[30];
} student1, student2;
```

需要注意的是，在结构体定义中，结构体说明不分配内存，而是在定义结构体类型变量时开辟内存空间。代码示例如下：

```
int main()
{
    struct date
    {
        int year, month, day;
    }  today;
    cout << sizeof(struct date) << endl;
}
```

输出为：

```
12
```

这种定义方法只是定义了结构体变量，无法在其他地方再次用结构体类型直接定义，如需定义则需要重写 struct {}部分。

结构体变量的初始化就是直接在定义结构体变量之后通过赋值语句对其成员赋初值以完成初始化。注意：只能对外部变量和静态结构体变量进行初始化，不能对自动类型的结构体变量进行初始化；不能直接在结构体成员表中对成员赋初值。结构体变量初始化的格式如下所示：

struct 结构体名
{
成员列表
}　变量名列表={初始数组};

代码示例如下：

```
#include <iostream>
using namespace std;

int main()
{
    struct student
    {
        long int num;
        char name[20];
        char sex;
        char addr[30];
    }student1 = {901031, "Li Lin",'M',"123 Beijing Road"};        //初始化
    cout << student1.name << endl;
    return 0;
}
```

输出为：

```
Li Lin
```

注意：初始化时，成员与成员之间用“,”隔开，初始化数据类型应与成员变量数据类型保持一致，不能在声明的时候直接初始化，初始化数据个数应与成员个数相等，初始化数据个数少于成员个数时剩余的成员变量将保持默认值。

最常用的结构体变量的使用方式为运用结构体成员运算符“.”；格式如下所示：

结构体变量名.成员名

例如：student1.num=100;

结构体变量的使用需注意以下几点：

(1)结构体变量不能作为一个整体进行输入或输出，只能分别使用变量的各个成员。例如：“cin >>student1.num;”不能为“cin >>student1;”。

(2)嵌套的结构体变量必须逐层引用。如果结构体变量的成员本身又是一个结构体类型，则要用若干个成员运算符，由外向内逐层找到最内层的一级成员，而且只能对最内层的成员进行访问。例如：“student1.birthday.day=25;”。

(3)结构体变量的成员同普通变量一样，都可以进行同类型普通变量所允许的各种运算。例如：“student1.birthday.day ++;”，“student1.score+=60;”等。

代码示例如下：

```
#include <iostream>
using namespace std;
struct date
{
    int day;
    int month;
    int year;
};
struct student
{
    int num;
    char name[20];
    char sex;
    int age;
    struct date birthday;
};
int main()
{
    struct student stu;
    cout << "No. :  "; cin >> stu.num;
    cout << "Name:"; cin >> stu.name;
    cout << "Sex:"; cin >> stu.sex;
    cout << "Birthday year:  ";
    cin >> stu.birthday.year;
    cout << "Month:";
    cin >> stu.birthday.month;
    cout << "Day:  ";
    cin >> stu.birthday.day;
    cout << "No. : " << stu.num << endl;
    cout << "Name:" << stu.name << endl;
    cout << "Sex:" << stu.sex << endl;
    return 0;
}
```

三、结构体数组

结构体数组中的每个元素都是一个结构体类型的变量，其中包括该类型的各个成员。数组中的各个元素在内存中连续存放。结构体数组也必须先声明、定义，然后才能引用。结构体数组的定义方式如下所示：

struct 结构体名 结构体数组名[元素个数];

或

```
struct 结构体名
{
    成员列表
}  结构体数组名[元素个数];
```

例如：

```
   struct student
   {
      int num;
      char name[20];
      char sex;
      int age;
      float score;
      char addr[30];
   };
struct student stu[30];
```

如此，便可用"struct student stu[30];"代替"struct student stu1, stu2, stu3,...,stu30;"，方便高效。

结构体数组的初始化方式与数值型数组的初始化方式类似，即在定义结构体数组之后，对其成员赋初值，但需将数组的各个元素用{}分隔开。结构体数组的初始化格式为：

struct 结构体名 结构体数组名[元素个数]={初始化数据};

或

```
struct 结构体名
{
    成员列表
}  结构体数组名[元素个数]={初始化数据};
```

例如：

```
struct passenger person[4] =
{
   {1, "David", 21, 'M', 89.9, 495.2, 'A'},
   {2, "Kate", 14, 'F', 54.2, 376.3, 'B'},
   {3, "John", 70, 'M', 74.2, 469.6, 'B'},
   {4, "Mary", 46, 'F', 62.7, 412.7, 'A'};
};
```

代码示例如下：

```
#include <iostream>
using namespace std;
struct person {
    char name[9];
    int age;
};
struct person bme[10] = { {"Jone",17}, {"Paul",19},{"Mary",18},
{"Adam",16}};
int main()
{
    cout << bme[3].name << endl;
    cout << bme[3].name[1] << endl;
    cout << bme[2].name[1] << endl;
    cout << bme[2].name[0] << endl;

    return 0;
}
```

输出结果为：

```
Adam
d
a
M
```

结构体数组是数组与结构体的结合，结构体是数组中的一个元素。所以对结构体数组的使用可以简化为两个步骤：通过数组的特性利用数组下标得到数组中相应的元素（结构体），通过结构体特性用“.”访问结构体变量中的成员。格式如下：

结构体数组名[下标].成员

由于结构体数组中的元素是结构体类型的变量，所以只能访问结构体数组中的成员变量。

例如，表 6.1 中存储了一些乘客的信息，如何统计选择 B 套餐的乘客数目，并输出他们的名字？

代码示例如下：

```
#include <iostream>
using namespace std;
struct passenger
{
```

```
    int no;
    char name[20];
    int age;
    char sex;
    float weight;
    float luggage;
    char meal;
};
struct passenger person[4] =
{
    {1, "David", 21, 'M', 89.9, 495.2, 'A'},
    {2, "Kate", 14, 'F', 54.2, 376.3, 'B'},
    {3, "John", 70, 'M', 74.2, 469.6, 'B'},
    {4, "Mary", 46, 'F', 62.7, 412.7, 'A'}
};                                              //前期的信息输入
int main()
{
    int i; int select_B;
    for (i = 0, select_B = 0; i < 4; i++)       //遍历数组
    {
        if (person[i].meal == 'B')        //结构体变量引用成员作为判断条件
        {
            select_B++;                          //统计 B 套餐的数目
            cout << person[i].name << endl;   //输出选择 B 套餐的乘客姓名
        }
    }
    cout << "The total is" << select_B << endl;//输出 B 套餐的总数
}
```

输出结果为：

```
Kate
John
The total is 2
```

四、结构体与指针

因为结构体是一种自定义的数据类型，所以结构体指针与普通指针在定义方式上是基本一致的，但指针所指向的地址数据类型不一样，结构体指针只能指向结构体类型的变量地址。

例如：

```
struct Student * stu_p;                    //定义结构体指针
struct Student stu;                        //定义结构体变量
stu_p = &stu;                              //结构体指针赋值
```

或者

```
struct Student * stu_p = &stu;             //定义的时候直接初始化
```

通过结构体指针变量也可以访问结构体的成员，但是与结构体变量通过“.”访问不同，结构体指针变量要通过“->”访问；或者用“ * ”取值操作后再用“.”来访问，但“.”的优先级高于“ * ”，所以要用圆括号修饰一下，即(* 结构体指针变量名).结构体成员名。

例如：

```
struct Student stu;                        //定义结构体变量
struct Student * stu_p = &stu;             //定义的时候直接初始化
cout <<stu_p->num <<( * stu_p).num;        //通过"->"访问 num 成员
```

三种结构体成员使用方式的代码示例如下：

```
#include <iostream>
using namespace std;
struct student
{
   long num;
   char name[20];
   int age;
};                                         //定义结构体
int main()
{
   student a = { 20418132,"ZhaoGang",23 };
   student * p;                            //定义结构体指针变量
   p = &a;                                 //给结构体指针变量赋值
   cout << a.num << " " << a.name << " ";
   cout << a.age << endl;
   cout << ( * p).num << " "<<( * p).name <<" ";
   cout << ( * p).age << endl;
   cout << p->num << " " << p->name << " ";
   cout << p->age << " " << endl;

   return 0;
}
```

第二节　共用体

在程序运行中,有时需要将几种不同类型的变量存放到同一段内存单元中。例如,可以把一个整型变量、一个字符型变量放在同一个地址开始的内存单元中。这三个变量虽然在内存中占的字节数不同,但都是从同一个地址开始存放的。这种使几个不同的变量共占同一段内存的结构,称为共用体。它是一种类似于结构体的构造型数据类型,它允许不同类型和不同长度的数据共享同一块存储空间。但是在指定时刻,只能有一个成员变量的值是完整的有效值。

一、共用体和共用体变量的定义

共用体类型的定义格式如下:

```
union        共用体类型名
{        类型标识符 1        成员名 1;
        ……
         类型标识符 n        成员名 n;
};
```

union 是共用体类型标识符,可以是 int、char、long、float 等基本数据类型。共用体可以把一个 char 型变量 a、一个 short 型变量 b 和一个 long 型变量 c 存放在起始地址为 2000 的同一段内存单元中,如图 6.1 所示。

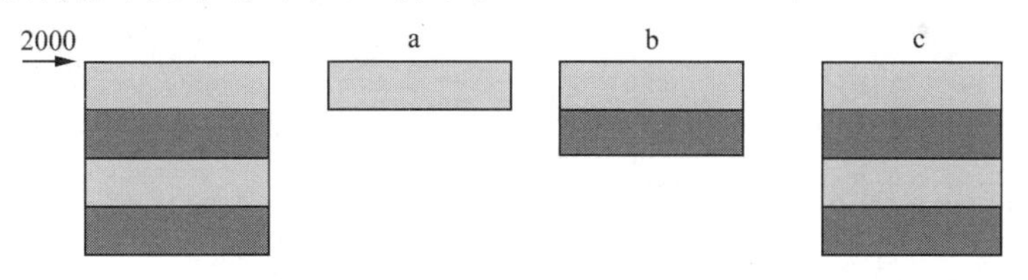

图 6.1　共用体存储示意图

示例代码如下:

```
union data
{
    char a;
    int b;
    float c;
};
```

与结构体相同,共用体的定义也有三种方法:

1. 在共用体声明的同时定义共用体变量,其定义格式如下:

```
union  共用体名
  {
      成员列表；
  } 变量名；
```

例如：

```
union data
{
    char a;
    int b;
    float c;
} data1, data2;
```

2. 直接定义共用体变量，其定义格式如下：

```
union
  {
      成员列表；
  } 变量名；
```

例如：

```
union
{
    char a;
    int b;
    float c;
} data1, data2;
```

3. 把声明和定义分开，其定义格式如下：

```
union  共用体名
  {
      成员列表；
  }；
union  共用体名  变量名；
```

例如：

```
union data
{
    char a;
    int b;
    float c;
};
union data data1, data2;
```

二、共用体变量的使用

共用体变量的初始化与结构体不同，共用体只能初始化成员列表，不能对共用体变量初始化和赋值。共用体变量的使用跟结构体类似，也是采用“.”访问成员变量。例如：

```
union data
    { char a;
        int b;
        float c;
    }u1={'A', 25, 3.5};                    //错误的！
    u1.a                                   //只能直接使用变量中的成员
    u1.b
    u1.c
```

因为共用体变量虽然可以存放几种不同类型的成员，但在同一时刻只能有一个成员起作用，其他成员不起作用。共用体变量中起作用的成员是最后一次存放的成员。例如：

```
#include <iostream>
using namespace std;
union un
{
    int i;
    double y;
};
struct st
{
    char a[10];
    union un b;
};
int main(void)
{
    cout << sizeof(struct st) << endl;
    return 0;
}
```

输出结果为：

```
24
```

共用体变量使用的代码示例如下：

```
#include <iostream>
using namespace std;
int main()
{
    union EXAMPLE
    {   struct { int x; int y;}   in;             //声明并定义结构体
        int a,b;
    }e;                                           //声明并定义共用体
    e.a=1;                                        //对成员变量 a 赋值
    e.b=2;                                        //对成员变量 b 赋值
    e.in.x=e.a * e.a;
    e.in.y=e.b+e.b;
    cout <<e.in.x <<'\t' <<e.in.y <<endl;
    return 0;
}
```

输出结果为：

```
4    8
```

三、共用体与指针

共用体指针变量的定义和对共用体的引用形式与结构体类似，代码示例如下：

```
#include <iostream>
using namespace std;
union data
{
    char a;
    short b;
    long c;
};                                  //声明共用体类型
int main()
{
    union data un, * p;             //定义共用体变量和指针变量
    p=&un;                          //共用体指针赋值
    un.a='s' ;                      //共用体成员变量赋值
```

```
    cout <<p->a <<endl;
    un.b=6;
    cout <<p->b <<endl;
    un.c=18;
    cout <<p->c <<endl;
    return 0;
}
```

输出结果为：

```
s
6
18
```

习题六

编写程序，按表 6.1 中的格式输入若干乘客信息(表 6.1 仅为示例，输入的数据值可以与表中数据不同，但数据的类型、格式、顺序等要与表 6.1 相同)：

要求程序能够实现如下功能：

(1)不预先设定乘客人数，在提示引导下逐个输入数据，按某个特殊键结束输入，如果某位乘客的额定质量(乘客体重与行李质量之和)超过 500 kg，程序报警提示，但仍可继续输入全部信息。

(2)输入程序结束后，输出所有乘客的全部信息列表(见表 6.1)，可以按照①乘客年龄或者②乘客的额定质量(即体重与行李质量之和)两种方式，实现全部乘客信息列表由小到大排序。

(3)可以根据提示，①统计该航班女性和男性乘客的数量；②显示所有年龄小于18 岁的乘客信息列表；③选择输出所有选 A 套餐或者 B 套餐的乘客信息列表。

第七章　函　数

本章首先介绍函数的定义与调用方法,包括函数的类型和如何调用函数。在C++语言中调用函数时,参数之间的数据传递有不同的方式,分别为传值调用、传地址调用和引用调用。同一个函数名定义多个不同的函数以实现多种函数功能,称为函数重载。所以紧接着本章介绍函数重载的定义和原则。最后本章介绍函数的递归调用、内联函数、标识符作用域与变量的存储特性。

第一节　函数的定义与调用

为了减少程序中的重复代码,我们可以将频繁使用的代码封装起来,称之为函数。函数可以有多个参数,但通常只有一个或者没有返回值。函数可以重载,也就是同一个函数名可以实现不同的函数功能。

一、函数的定义和作用

程序中用于完成某一特定任务的自包含单元被称为函数。函数是C++语言的基本组成单元,用于完成某种操作或计算某个数值。在C++语言中使用函数可以降低程序的复杂度,同时增强代码的重复性和可维护性,提高程序的开发效率。

从定义和参数的角度,函数可以被分为不同的种类,如图 7.1 所示。

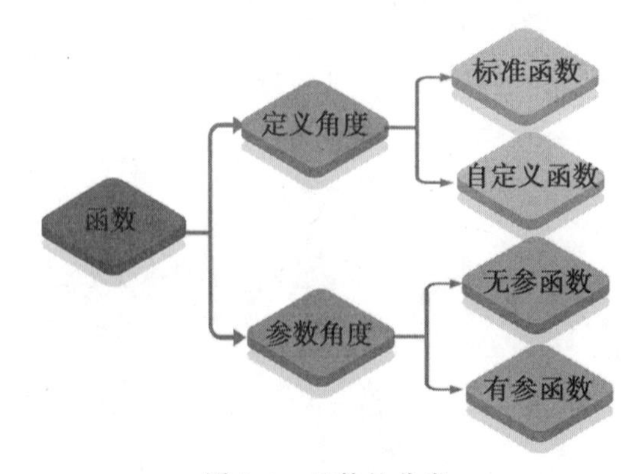

图 7.1　函数的分类

从定义的角度，函数分为标准函数和自定义函数。标准函数是C++编译系统中预定义的函数，也称“库函数”。用户可以直接使用系统提供的库函数，使用时需在程序中包含相应的头文件，如〈iostream〉等。库函数有多个，如数学计算库函数〈math〉、字符串处理库函数〈string〉、标准输入输出库函数〈iostream〉等。自定义函数是程序设计中由用户自己定义的函数，也是程序设计中的主要环节。

从参数的角度，函数分为无参函数和有参函数。无参函数指的是函数没有参数传入，执行后也没有返回值，主要是为了完成某种操作。与无参函数相对，有参函数指函数有参数传入，执行后有返回值，可完成操作或计算数值。

二、函数的定义方式

函数的定义方式如下：

```
函数类型　函数名(形参列表)
{
        函数体;
}
```

一个完整的函数定义由函数类型、函数名、形参列表和函数体组成。函数类型是指函数执行后返回值的类型，无返回值时，使用“void”。形参列表是函数接收的数据，若无数据接收则为空，或写为“void”，否则格式为：(类型 1 参数 1，类型 2 参数 2……)。函数体是函数内执行操作的语句块。

函数的形参是函数定义时给出的参数。注意：形参只是虚拟的参数，在函数未调用之前，没有任何实际的值；形参必须要定义类型；未调用函数时，形参不占内存单元，只在函数开始调用时，形参才被分配内存单元；调用结束后，形参所占用的内存单元被释放；形参只作用于被调函数，可以在别的函数中使用相同的变量名。

函数的返回值通过 return 语句获得，return 语句可以是一个表达式，函数先计算表达式后再返回值。函数只能有唯一的返回值，函数返回值的类型就是函数的类型。若函数体内没有 return 语句，程序将一直执行到函数体的末尾，然后返回主调函数的调用处。

函数调用时需要写出函数名和由圆括号括起来的实参列表。实参列表的格式为：实参 1，实参 2，……没有参数时不能省略圆括号。

函数的实参是函数调用时给函数传递的实际参数。注意：实参的类型可以是常量、变量以及表达式，不管是哪种情况，在调用时实参必须是一个确定的值；实参是按顺序逐个传递给形参的，其个数、类型必须与形参一致；实参对形参变量的传递是“值传递”，即单向传递。在内存中，实参、形参分占不同的单元。

函数的调用需要满足一些条件：被调用的函数在调用的时候必须是已存在的函数；如果使用库函数，必须用 #include 〈math〉。函数的调用遵循先定义后调用的原则，即被调函数应出现在主调函数之前；如果使用用户自己定义的函数，而该函数与调用它的函数(即主调函数)在同一个程序中且位置在主调函数之后，则必须在调用此函数之前对被调用的函数进行声明。

三、函数的嵌套调用

在C++语言中，所有函数都是平行独立的，无主次、相互包含之分。函数可以嵌套调用，不可嵌套定义。

例如：

```
int max(int a, int b)                    //max 函数定义
{
    int c;
    int min(int a, int b)                //min 函数定义
    {
        return (a < b ? a : b);
    }
    c = min(a, b);
    return (a >b ? a : b);
}
```

在上面的示例中，函数 min 在函数 max 中嵌套定义，程序运行时将出错。

例如：

```
int min(int a, int b)                    //min 函数定义
{
    return (a < b ? a : b);
}
int max(int a, int b)                    //max 函数定义
{
    int c;
    c = min(a, b);
    return (a > b ? a : b);
}
```

在上面的示例中，函数 min 与函数 max 平行定义，然后在函数 max 中嵌套调用函数 min，程序正常运行。

四、代码示例

下面的代码展示了函数的定义和调用方式：

```
#include <iostream>
using namespace std;

//函数先调用后定义时,必须事先对该函数声明
int main()
{
    float a, b, c;
    float max(float, float);        //函数声明,说明函数返回值及形参的类型
    cout << "please input two number" << endl;
    cin >> a >> b;                  //输入数值
    c = max(a, b);                  // a,b 是函数实参
    cout << "the max is " << c << endl;

    return 0;
}

//完整的函数定义
float max(float x, float y)         // x,y 是函数形参
{
    float z;
    z = (x > y) ? x : y;

    return z;
}
```

对于上面的代码,当输入的 a, b 分别为 10.3,12.1 时,输出结果为:

```
Please input two number
10.3 12.1
The max is 12.1
```

第二节　函数的参数

每次调用函数时,实参都会将数据传递给形参。当传递的数据为数值时,称为传值调用;当传递的数据为地址时,称为传地址调用;当传递的数据为数值,而形参为引用时,称为引用调用。

一、传值调用

传值调用就是调用函数时实参将数值传入到形参。传值调用的特点：形参发生改变时，不会影响实参的值。

例如：

```
void fun(int i, int j)                    //在函数 fun 中 i 为 7,j 为 6
{
    int x = 7;
    cout << i << '\t' << j << '\t' << x << endl;
}

int main()
{
    int i = 2, x = 5, j = 7;
    fun(j, 6);                            //将 j 的值直接传递到函数 fun 中
    cout << i << '\t' << j << '\t' << x << endl;
    //形参改变不影响实参的值

    return 0;
}
```

在上面的示例中，输出结果为：

```
7       6       7
2       7       5
```

二、传地址调用

传地址调用就是调用函数时实参将地址值传入到形参。传地址调用的特点：形参发生改变时，会影响实参的值。传地址调用的形参和实参分别为指针变量和数据的地址值。

例如：

```
void prt(int * x, int * y, int * z)
{
    cout << ++ * x << "," <<++ * y << ","<< *(z++) << endl;
    //++ * x 程序执行为 * x= * x+1; *(z++)程序执行为 * z,z=z+1
}
```

```
int main()
{
    int a = 10, b = 40, c = 20;      //定义变量
    prt(&a, &b, &c);
    //第一次调用 prt 函数后,a,b,c 的值分别变为 11,41,20
    prt(&a, &b, &c);
    //形参改变影响实参的值,第二次调用函数 prt 时,a,b,c 的值分别为
    //11,41,20
    return 0;
}
```

在上面的示例中,输出结果为:

```
11, 41, 20
12, 42, 20
```

例如:

```
int main()
{
    int a[5] = { 1,21,31,41,51 };
    int * p = a;                          //p 指向 a[0]
    cout << ( * p++) << endl;
    // * p++程序执行为 * p;p++, 输出为 1,执行后 p 指向 a[1]
    cout << (( * p)++) << endl;
    //( * p)++程序执行为 * p;( * p)++, 输出为 21,执行后 p 指向 a[1]
    cout << ( * ++p) << endl;
    // * ++p 程序执行为++p;( * p), 输出为 31,执行后 p 指向 a[2]
    cout << (++ * p) << endl;
    //++ * p 程序执行为++( * p), 输出为 32,执行后 p 指向 a[2]

    return 0;
}
```

上面的示例显示了 * 与++运算符的区别,输出结果为:

```
1
21
31
32
```

数组名可以作函数的实参和形参,传递的是数组的地址。这样,实参、形参共同指向同一段内存单元,内存单元中的数据发生变化,这种变化会反映到主调函数内。在函数调用时,形参数组并没有另外开辟新的存储单元,而是以实参数组的首地址作为形参数组的首地址。这样,形参数组的元素值发生了变化也就使实参数组的元素值发生了变化。

形参、实参都用数组名。例如:

```
void f(int arr[], int n)                //形参数组名,必须进行类型说明
{
    .......
}

int main()
{
    int array[10];                      //定义数组
    ......
    f(array, 10);                       //实参数组名
    .....
    return 0;
}
```

在上面的示例中,用数组名作为实参和形参,因为接收的是地址,所以可以不指定具体的元素个数。array、arr 指向同一存储区间。

实参用数组名,形参用指针变量。例如:

```
void f(int * x, int n)                  //形参指针变量
{
    ......
}

int main()
{
    int array[10];                      //定义数组
    ......
    f(array, 10);                       //实参数组名
    ......
    return 0;
}
```

在上面的示例中,用数组名作为实参,指针变量作为形参。

形参、实参都用指针变量。例如:

```
f(int * x, int n)                    //形参指针变量
{
    ......
}

int main()
{
    int a[10];                       //定义数组
    int *p = a;                      //实参指针变量调用前必须赋值
    ......
    f(p, 10);                        //实参指针变量
    .....
    return 0;
}
```

在上面的示例中,用指针变量作为实参、形参。

实参为指针变量,形参为数组名。例如:

```
f(int x[], int n)                    //形参数组名
{
    ......
}

int main()
{
    int a[10];                       //定义数组
    int *p = a;                      //实参指针变量调用前必须赋值
    ......
    f(p, 10);                        //实参指针变量
    .....
    return 0;
}
```

在上面的示例中,用指针变量作为实参,数组名作为形参。

将一个字符串从一个函数传递到另一个函数,可以用传地址调用的办法,即用字符数组名作参数或用指向字符串的指针变量作参数。在被调函数中,可以改变原字符串的内容。

将一个字符串复制到另外一个字符串中,形参用字符串数组名接收实参中传递的数组名。例如:

```
void copy_string(char from[], char to[])
{
    int i;
    for (i = 0; from[i] != '\0';i++)
        to[i] = from[i];
    to[i] = '\0';
}

int main()
{
    char a[] = { "I am a teacher" };
    char b[] = { "You are a student" };
    copy_string(a, b);                      //将字符串 a 复制到字符串 b
    cout << a << endl;
    cout << b << endl;

    return 0;
}
```

上面的示例将字符串 a 复制到字符串 b,输出结果为:

```
I am a teacher
I am a teacher
```

三、引用调用

引用调用就是调用函数时引用作为形参,实参是变量而不是地址,这与指针变量作形参不一样。引用调用的传递方式是将实参变量名赋给形参引用,函数中对形参的操作就是对实参的操作。

例如:

```
void change(int& x, int& y)                //x,y 是实参 a,b 的别名,引用调用
{
    int t;
    t = x; x = y; y = t;
}

int main()
{
```

```
    int a = 3, b = 5;
    change(a, b);                                    //实参为变量
    cout << a << '\t' << b << endl;

    return 0;
}
```

上面的示例为引用调用，输出结果为：

```
5        3
```

函数的返回值为指针。例如：

```
char * strchr(char * str, char ch)
{
    while ( * str != ch && * str != '\0' )
    {
        str++;
    }
    return str;
}
```

在上面的示例中，函数 strchr 的返回值为指针。

四、代码示例

下面的代码展示了传地址调用和引用调用的方式：

```
#include <iostream>
using namespace std;

//该程序实现了传地址调用和引用调用
void f1(int * px) { * px += 10; }
void f2(int& xx) { xx += 10; }

int main()
{
    int x = 0;
    cout << "x=" << x << endl;
    f1(&x);                              //传地址调用，形参变化能影响实参
    cout << "x=" << x << endl;
```

```
    f2(x);                          //引用调用,形参变化能影响实参
    cout << "x=" << x << endl;

    return 0;
}
```

输出结果为:

```
x=0
x=10
x=20
```

第三节　函数重载

一、函数重载的概念和原则

函数重载是指用同一个函数名来定义具有不同形参列表的函数,以实现“一物多用”,即同一个函数名实现多种函数功能。这些函数所执行的功能类似,但是形参列表不同。实现函数重载需要函数名相同,但是参数的类型、数目或者次序至少有一个不同。当调用这些函数时,编译系统根据函数实参的类型和数目从左向右进行匹配,调用相应的函数。

例如:

```
int add(int a, int b)
{
    return (a + b);
}
double add(double a, double b)
{
    return (a + b);
}
```

在上面的示例中,同一个函数名 add 实现了不同的函数功能,当调用 add 函数时,编译器会根据实参类型选择相应的 add 函数:当实参类型为两个整型变量时,调用第一个函数;当实参类型为 double 型时,调用第二个函数。

函数重载不以函数的返回值类型区分,例如:

```
void move(int a);
int move(int a);
```

上面的示例重载非法。

函数重载不以参数中的关键字区分,例如:

```
void move(const int a);
void move(int a);
```

上面的示例重载非法。

二、代码示例

下面的代码展示了函数重载的调用方式:

```
#include <iostream>
using namespace std;

double Add(double a, double b)
//调用该函数时,实参列表应为两个双精度参数
{
    return a + b;
}
int Add(int a, int b)
//调用该函数时,实参列表应为两个整型参数
{
    return a + b;
}
int Add(int a)
//调用该函数时,实参列表应为一个整型参数
{
    return a + a;
}

int main()
{
    cout << Add(2.51, 3.652);   //调用 double Add(double a,double b)函数
    cout << endl;
    cout << Add(2, 5);          //调用 int Add(int a,int b)函数
    cout << endl;
    cout << Add(5);             //调用 int Add(int a)函数

    return 0;
}
```

输出结果为：

```
6.162
7
10
```

第四节　函数的递归调用

一、函数的递归调用

函数的递归调用是指在函数体中直接或间接地调用函数本身，在编程中使用函数的递归调用可以简化复杂的数学计算。函数直接调用函数本身称为直接递归；A 函数调用 B 函数，而 B 函数又调用 A 函数，称为间接递归，如图 7.2 所示。

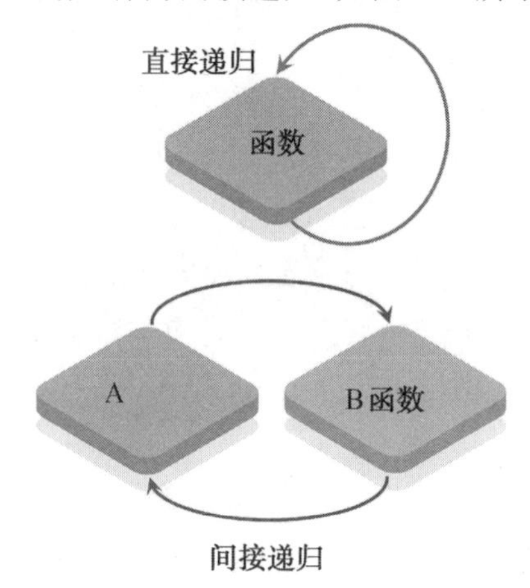

图 7.2　函数递归调用的分类

二、代码示例

下面的代码展示了函数递归调用的方式：

```
#include <iostream>
using namespace std;

int factorial(int n);                    //factorial 函数声明

int main()
{
```

```
    cout << factorial(5) << endl;
    return 0;
}
int factorial(int n)                    //factorial 函数定义
{
    if ((n == 0) || (n == 1))
      return 1;
    else
    {
        return n * factorial(n - 1);
        //函数的递归调用,该程序计算 n*(n-1)*(n-2)... *1 的结果
    }
}
```

输出结果为:

```
120
```

利用函数的递归调用,可以实现循环结构的功能,但代码的书写量降低很多,且程序执行速度会加快。因此,在可以利用递归函数完成的程序中,推荐使用递归函数。

第五节　内联函数

一、内联函数

函数调用是将程序的执行顺序转移到函数存放在内存中的某个地址,在函数执行完毕后,再返回到调用该函数的位置。这种转移操作要求转移前保护现场并记住转移点的地址,返回值还要求保护现场,并按原来保存的地址继续执行主程序。因此,函数调用需要一定的时间和空间开销,将影响程序的执行效率。对于一些函数体代码较少,但又频繁被调用的函数,解决其效率问题更为重要。引入内联函数的目的是解决函数调用的效率问题。

内联函数是一类特殊的函数。内联函数在调用时不像一般的函数那样要转去执行被调用函数的函数体,执行完成后再转回调用函数中,执行其后语句,而是在调用函数处用内联函数体的代码来替换。这样将会节省调用开销,提高运行速度。内联函数与前面讲过的带参数的宏的代码效率是一样的,但是内联函数要优于宏,因为内联函数遵循函数的类型和作用域规则,它与一般函数更相近,在一些编译器中,一旦遇上内联扩展,将与一般函数一样进行调用,调试比较方便。

内联函数虽然能够提高代码运行速度,但是也有一些限制。例如:在内联函数中,不能含有复杂的控制语句,如开关、循环语句等;内联函数的函数体不宜过大;递归函数不能被说明为内联函数等。

二、内联成员函数

当我们定义一个类时，可以在类中直接定义函数体。这时成员函数在编译时是作为内联函数来实现的。当类中函数体放在类外定义时，函数为普通的非内联函数。若要将类体外定义的普通成员函数变为内联成员函数，需要在类外定义的成员函数前面加上关键字 inline。

例如：

```
class A
{
    float x, y;
public:
    void Setxy(float a, float b);
    void Print(void);
};
inline void A::Setxy(float a, float b)
{
    x = a; y = b;
}
inline void A::Print(void)
{
    cout << x <<'\t' << y << endl;
}
```

在上面的示例中，inline 说明该成员函数为内联函数。这样可以使类外定义的成员函数获得与类内定义的成员函数相同的代码执行效率，从而提高程序整体的执行速度。

第六节　标识符作用域与变量的存储特性

作用域是指程序中所说明的标识符在哪一个区间内有效，即在哪一个区间内可以使用该标识符。在C++语言中，作用域共分为五类：块作用域、文件作用域、函数原型作用域、函数作用域和类的作用域。

一、块作用域

我们把用花括号括起来的一部分程序称为一个块。在块内说明的标识符，只能在该块内引用，即其作用域在该块内，开始于标识符的说明处，结束于块的结尾处。在一个函数内部定义的变量或在一个块中定义的变量称为局部变量。具有块作用域的标识符在其作用域内，将屏蔽其他同名标识符，即变量名相同，局部更优先。

例如：

```
int a = 0;
for (int i = 0; i < 10; i++)
{
    int b = i;
    b++;
    a += b;
}
```

在上面的示例中，变量 b 具有块作用域，当程序的控制流离开了这个循环，就是 for 循环结束时，这个变量 b 就被销毁了，不存在了。在 for 循环的外部再引用变量 b 的话，程序就会报错“变量 b 未定义”。

二、函数作用域

在函数内或复合语句内部定义的变量，其作用域是从定义的位置起到函数体或复合语句的结束。其中，主函数 main 中定义的变量，也只在主函数中有效，同样属于局部变量。不同的函数可以使用相同名字的局部变量，它们在内存中分属不同的存储区间，互不干扰。

例如：

```
float f1(int a)              //在函数 f1 内，a, b, c 有效
{
    int b, c;
    ......
}

float f2(int x, int y)       //在函数 f2 内，x, y, i, j 有效
{
    int i, j;
    ......
}

int main()                   //在函数 main 内，m, n 有效
{
    int m, n;
    ......
}
```

三、文件作用域

在函数外定义的变量称为全局变量，全局变量的作用域称为文件作用域，即在整个文件中都是可以访问的。其缺省的作用范围是：从定义全局变量的位置开始到该源程序文件结束。当块作用域内的变量与全局变量同名时，局部变量优先。

例如：

```
int p = 1, q = 5;
//p,q 为全局变量，其作用范围是：从定义 p,q 的位置开始到该源程序
//文件结束
float f1(int a)              //在函数 f1 内，a,b,c 有效
{
    int b, c;                //b,c 为局部变量
    ......
}

char c1, c2;
//c1,c2 为全局变量，其作用范围是：从定义 c1,c2 的位置开始到该源程序
//文件结束
int main()                          //在函数 main 内，m,n 有效
{
    int m, n;                       //m,n 为局部变量
    ......
}
```

在C++语言中，根据生存期可以将变量分为静态存储变量和动态存储变量。静态存储是指在文件运行期间有固定的存储空间，直到文件运行结束，存放全局变量和静态局部变量。动态存储是指在程序运行期间根据需要分配存储空间，函数结束后立即释放空间，存放动态局部变量。若一个函数在程序中被调用两次，则每次分配的单元有可能不同。

四、代码示例

下面的代码展示了变量的作用域：

```
#include <iostream>
using namespace std;

int fun(int a)
{
```

```
    int c;
    static int b = 3;
    //变量b是静态局部变量,在内存中一旦开辟空间,就不会释放,空间值
    //一直保留
    c = a + b++;
    return c;
}

int main()
{
    int x = 2, y;
    y = fun(x);
    cout << y << endl;
    y = fun(x + 3);                //第二次调用fun函数时,b为4
    cout << y << endl;

    return 0;
}
```

输出结果为:

```
5
9
```

习题七

1. 函数的形参是局部作用域还是全局作用域? 函数的实参和形参有什么区别和联系?

2. 在什么调用方式下,函数的形参发生变化会改变实参的值? 请解释传值调用、传地址调用和引用调用的区别。

3. 请解释块作用域、函数作用域和文件作用域的区别。

4. 请你使用第二节学到的方法,编写一个函数实现将数组中的n个数按相反顺序存放,要求实参和形参均为数组名。

5. 请你使用第二节学到的方法,编写一个函数实现将数组中的n个数按相反顺序存放,要求实参为数组名,形参为指针。

6. 斐波那契(Fibonacci)数列的一个例子如下:假设一对刚出生的小兔一个月后就能长成大兔,再过一个月就能生下一对小兔,并且此后每个月都生一对小兔,一年内没有发生死亡。问:一对刚出生的兔子,一年内将繁殖出多少对兔子?

请你使用第四节学到的函数重载方法,编写一个函数计算一年内繁殖的兔子对数。

第八章　类与对象

传统的软件开发技术（如结构化技术）被称为面向过程的设计方法，是采用自顶向下的思想指导程序设计，即将目标划分为若干子目标，子目标再进一步划分下去，直到目标能被程序设计实现为止。

面向对象的设计方法是根据现实生活中的具体实体，将程序的实现分解为一个一个具体对象的实现，这样的程序设计更符合人们的思维方式。面向对象的设计方法追求的是现实问题空间与软件系统解空间的近似和直接模拟。它希望用户用最小的力气，最大限度地利用软件系统来求解问题。

面向对象是编程发展的必然过程。随着编程的深入，我们的代码越来越多，此时函数与数据的定义变得非常烦琐，很容易出现命名冲突。代码重复导致阅读与修改程序也变得异常困难，而面向对象的程序设计可以将数据与函数封装成类，通过封装使一部分成员充当类与外部的接口，而将其他成员隐蔽起来，这样就达到了对成员访问权限的合理控制，使不同类之间的相互影响减小到最低限度，方便调用，并且代码简洁明了，可读性强，更加便于理解，同时增强了数据的安全性，简化了程序编写工作。

面向对象设计方法的基本特点如下：

模块性：对象是一个功能和数据独立的单元，相互之间只能通过对象认可的途径进行通信；封装功能：用户不必清楚内部细节，只要了解其功能描述就可以使用；代码共享：继承性提供了一种代码共享的手段，可以避免重复的代码设计；灵活性：对象的功能执行是在消息传递时确定的，支持对象的主体特征，对象可以根据自身特点进行功能实现；易维护性：对象实现了抽象和封装，使其中可能出现的错误限制在自身，不会向外传播，易于检测和修改；增量型设计：面向对象系统可以通过继承机制不断扩充功能，而不影响原有软件的运行。

第一节　对象与定义

一、类的封装与定义

类是把多种特征的数据和函数封装成一个整体。封装是面向对象编程思想中的重要特性之一,其作用在于定义对象和操作,只提供抽象的接口,并隐藏其具体实现。封装的结果是把有相似属性(成员变量)、操作(成员函数)的事物绑在一起处理(即形成一个类)。例如,为了方便管理公司职工,可以给职工写一个类,该类的属性可以有年龄、性别、姓名、入职日期等,操作可以有开除、调动等,这就实现了封装。

对于类的定义,常采用以下形式:

```
class ClassName
{
public:
    public data member;
    public method member;
private:
    private data member;
    private method member;
protected:
    protected data member;
    protected method member;
};
```

用关键字 public 限定的成员称为公有成员,公有成员的数据或函数不受类的限制,可以在类内或类外自由使用,对类而言是透明的。用关键字 private 限定的成员称为私有成员,对私有成员限定在该类的内部使用,即只允许该类中的成员函数使用私有的成员数据。对于私有的成员函数,只能被该类内的成员函数调用,类就相当于私有成员的作用域。而用关键字 protected 所限定的成员称为保护成员,只允许在类内及该类的派生类中使用保护的数据或函数,即保护成员的作用域是该类及该类的派生类。

public、private、protected 分别表示对成员的不同访问权限进行控制,在类中可以只声明函数的原型,函数的实现(即函数体)可以在类外定义。在书写时通常习惯将公有类型放在最前面,这样便于阅读,因为它们是外部访问时所要了解的。

二、对象的定义

类的一个实例称为对象。对象是描述客观事物的实体,是构成系统的基本单位,能根据外界信息进行相应的操作,并且具有静态的属性和动态的行为。可以将类比喻成图纸,对象比喻成零件,图纸说明了零件的参数(成员变量)及其承担的任务(成员函数)。一张图纸可以生产出多个具有相同性质的零件,不同图纸可以生产出不同类型的零件。

类只是一张图纸,起到说明的作用,不占用内存空间;对象才是具体的零件,要有地方来存放,所以会占用内存空间。在 C++ 语言中,通过类名就可以创建对象,即将图纸生产成零件,这个过程叫作类的实例化。

第二节　对象的使用

一、类的对象的声明

定义了一个类后，不能对类的成员进行操作。要使用类必须先声明类的对象，类的对象是具有该类类型的某一实体。如果将类看作自定义的类型，那么类的对象可看成该类型的变量。

类的对象的声明格式如下：

类名 对象名；

例如：

```
Student t1, t2, *t3, t4[10];
```

对象所占据的内存空间只用于存放数据成员，函数成员不在每一个对象中存储副本，每个函数的代码在内存中只占据一份空间。

二、从对象访问公有成员

利用对象可以不受限制地访问类中的公有成员，通常访问格式如下：

访问对象的公有成员数据：

对象名.数据成员

例如：t1.math；

访问对象的公有成员函数：

对象名.函数成员名(参数表)

例如：t2.Print()；

下面的代码展示了从对象访问公有成员的用法：

```
class A {
    float x, y;
public:
    float m, n;
    void Setxy(float a, float b) { x = a; y = b; }
    void Print(void) { cout << x << '\t' << y << endl; }
};
int main()
{
    A a1, a2;
    a1.m = 5;   a1.n = 10;           //从对象a1访问公有成员
    a1.Setxy(5.0, 10.0);             //从对象a1访问公有函数
    a1.Print();                      //从对象a1访问公有函数
    return 0;
}
```

三、从对象访问私有成员

用成员选择运算符“.”只能访问对象的公有成员，而不能访问对象的私有成员或保护成员。若要访问对象的私有数据成员，只能通过对象的公有成员函数来获取。大部分情况下，外部程序是没有必要访问类的数据成员的，这些成员往往被设置成私有。在一些情况下，若需要访问类的数据成员，可以通过成员函数设置访问器来返回成员的值。如果以值的形式返回，则是只读的，用户只能读取这个成员，而不能修改它。下面是一个利用公有函数访问私有成员的例子：

```
class A {
    int x, y;
public:
    void Setxy(int a, int b) { x = a;y = b; }          //为私有数据成员赋值
    int Getx() { return x; }
    int Gety() { return y; }                             //返回私有数据成员
void Print() {
    cout << "x=" << x << '\t'<< "y=" << y << endl;
}
};
int main()
{
    A p1, p2;
    p1.Setxy(2, 5);                                       //调用公有函数
    int m, n;
    m = p1.Getx(); n = p1.Gety();
    cout << m << '\t'<< n << endl;
    return 0;
}
```

四、类的指针

类的指针是一个内存地址值，指向内存中存放的类的对象(包括一些成员变量赋值)。类的指针可以指向多个不同的对象，这就是类的多态。

下面的代码展示了类的指针用来调用对象的方法：

```
class A {
    float x, y;
public:
    float Sum() { return x + y; }
    void Setxy(float a, float b) { x = a;y = b; }//为私有数据成员赋值
    void Print() { cout << "x=" << x << '\t' << "y=" << y << endl; }
};
int main()
{
    A a1, a2;
    A * p;                                    //定义类的指针
    p = &a1;                                  //为指针赋值
    p->Setxy(2.0, 5.0);                       //通过指针引用对象的成员函数
    p->Print();                               //通过指针引用对象的成员函数
    cout <<"x+y="<< p->Sum() << endl;
    a2.Setxy(15.0, 20.0);    a2.Print();      //调用公有函数
    return 0;
}
```

五、类成员函数的重载

类中的成员函数与前面介绍的普通函数一样，可以带有缺省的参数，也可以重载成员函数。重载时，函数的名称相同，但是形参必须在类型或数目上不同，函数的返回值也可以不同。可以有缺省参数的成员函数，若形参不完全缺省，则必须从形参的右边开始缺省。

下面的代码展示了成员函数重载的相关用法：

```
class A {
    int x, y;
    int m, n;
public:
    void Set_number(int a, int b) { x = a;y = b; }
    void Set_number(int a, int b, int c, int d) { x = a; y = b; m = c;
n = d; }
    void Print(int x) { cout << "m = "<<m <<'\t'<<"n=" << n << endl; }
    void Print(void) { cout << "x=" << x << '\t' << "y=" << y << endl; }
};

int main()
{
```

```
    A p1, p2;
    p1.Set_number(2, 5); p2.Set_number(5, 10, 15, 20);
                                            //参数数目不同,分别调用不同的函数
    p1.Print();
    p2.Print(); p2.Print(2);                //参数类型不同,分别调用不同的函数
    return 0;
}
```

六、代码示例

```
#include <iostream>
using namespace std;

class Student
{
    char Name[25];                                      //学生姓名
    float Chinese;                                      //语文成绩
    float Math;                                         //数学成绩
    float English;                                      //英语成绩
public:
    float Average();                                    //计算平均成绩
    float Sum();                                        //计算总分
    void Show();                                        //打印信息
    void SetStudent(char * , float, float, float);      //为对象置姓名、成绩
    void SetName(char * );                              //为对象置姓名
    char *  GetName();                                  //取得学生姓名
};

float Student::Average() { return (Chinese + Math + English) / 3; }
//平均成绩

float Student::Sum() { return Chinese + Math + English; } //总分

void Student::Show()                                    //打印信息
{
    cout << "Name:  " << Name << endl << "Score:  " << Chinese << '\t' <<
Math << '\t' <<English << '\t' << "average:  " << Average() << '\t' <<
"Sum:  " << Sum() << endl;
```

```
}

void Student::SetStudent(char * name, float chinese, float math,
float english)
{
    strcpy_s(Name, name);                        //置姓名
    Chinese = chinese;                           //置语文成绩
    Math = math;                                 //置数学成绩
    English = english;                           //置英语成绩
}

void Student::SetName(char * name)
{
    strcpy_s(Name, name);                        //置姓名
}
    char * Student::GetName(void)                //返回姓名
{
    return Name;
}

int main()
{
    Student p1, p2;
    p1.SetStudent("Zhang san", 98, 96, 97); //对象置初值
    p2.SetStudent("Li si", 90, 88, 96);     //对象置初值
    p1.Show();                                   //打印信息
    p2.Show();                                   //打印信息
    p1.SetName("Wang wu");                       //重新置 p1 对象的名字
    p1.Show();
    cout << "p1.Name:  " << p1.GetName() << endl;    //打印对象的名字
    cout << "p1.average:  " << p1.Average() << endl; //打印对象的成绩
    return 0;
}
```

对于上面的代码，会产生下面的输出：

```
Name:  Zhang san
Score:  98    96    97    average:  97    Sum:  291
Name:  Li si
Score:  90    88    96    average:  91.3333    Sum:  274
Name:  Wang wu
Score:  98    96    97    average:  97    Sum:  291
p1.Name:  Wang wu
p1.average:  97
```

第三节　类的作用域

一、类的作用域

类体的区域称为类的作用域，类的成员函数与成员数据仅在该类的范围内有效。一个类就是一个作用域，类外定义的成员函数也是类的作用域。定义时需要加上类名和函数名，一旦出现类名，定义的剩余部分（参数列表或者函数体）就在类的作用域之内了。可以直接调用类内成员而无须授权。

在类的作用域之外，类内成员只能由对象、引用或者指针通过成员访问运算符（点运算符和箭头运算符）来访问；对于类作用域内的成员，则可直接用运算符访问，访问的对象都必须是类内成员。下面的代码展示的是类作用域外对于类内成员的访问：

```
class obj;
class *p = &obj;
p->member; p->memfcn();
obj.member; obj.memfcn();
```

类作为一个独立的作用域，可以在类中定义一些自己的类型。而函数的返回类型通常出现在函数名之前，如果在类的外部定义函数体时，返回类型的名字在类的作用域之外，返回类型必须指明它是哪个类的成员，如果返回类型使用由类定义的类型，则必须使用完全限定名。例如：

```
class A
{
public:
    typedef std::string::size_type index;
//给类定义别名类型成员 index，由于别名要在外部访问，所以一定要定义
//在 public 中
```

```
    index get_cursor() const;                  //内部声明一个成员函数
};inline A::index A::get_cursor() const
//定义类 Screen 的成员函数 get_cursor 具体实现,且是内联的
{
    return cursor;
}
```

该函数的返回类型是 index,这是在类 A 内部定义的一个类型名。

二、类的嵌套

在定义一个类时，若其类体中又包含了一个类的完整定义,则称为类的嵌套。类是允许嵌套定义的。例如：

```
class A {
    class B {
        int i, j;
    public:
        void Setij(int m, int n) { i = m; j = n; }
    };
    float x, y;
public:
    B b1, b2;
    void Setxy(float a, float b) { x = a; y = b; }
    void Print() { cout << x << '\t' << y << endl; }
};
```

b1、b2 为嵌套类 B 的对象,在类 A 的定义中,并不为 b1、b2 分配空间,只有在定义类 A 的对象时,才为嵌套类的对象分配空间,嵌套类的作用域在类 A 的定义结束时结束。

三、代码示例

```
#include <iostream>
using namespace std;

class Triangle
{
private:
     float a, b, c;                             //三边为私有成员数据
```

```
public:
    void Setabc(float x, float y, float z);              //置三边的值
    void Getabc(float& x, float& y, float& z);           //取三边的值
    float GetPerimeter(void);                            //计算三角形的周长
    float GetArea();                                     //计算三角形的面积
    void Print();                                        //打印相关信息
};

void Triangle::Setabc(float x, float y, float z)         //置三边的值
{
  a = x;  b = y;  c = z;
}

void Triangle::Getabc(float& x, float& y, float& z)      //取三边的值
{
  x = a;  y = b;  z = c;
}

float Triangle::GetPerimeter(void)                       //计算三角形的周长
{
  return (a + b + c);
}

float Triangle::GetArea(void)                            //计算三角形的面积
{
  float area,p;
  p = GetPerimeter()/2;
  area = sqrt((p - a) * (p - b) * (p - c) * p);
  return area;
}
void Triangle::Print(void)                               //打印相关信息
{
  cout << "Peri=" << GetPerimeter() << '\t'<< "Area=" << GetArea()
<< endl;
}

int main()
```

```
{
    Triangle p1;                          //定义三角形类的一个实例(对象)
    p1.Setabc(3, 4, 5);                   //为三边置初值
    float x, y, z;
    p1.Getabc(x, y, z);                   //将三边的值为 x,y,z 赋值
    cout << x << '\t' << y << '\t' << z << endl;
    cout << "s = " << p1.GetPerimeter() << endl;        //求三角形的周长
    cout << "Area = " << p1.GetArea() << endl;          //求三角形的面积
    cout << "Triangle1:" << endl;
    p1.Print();                           //打印有关信息
    return 0;
}
```

对于上面的代码,会产生下面的输出:

```
3        4        5
s=12
Area=6
Triangle1:
Peri=12 Area=6
```

习题八

1. 关于类和对象,下列说法不正确的是(　　)。

A. 对象是类的实例　　　　B. 类封装了数据和操作

C. 一个类的对象只有一个　　　　D. 一个对象必定属于某一个类

2. 在类定义的外部,可以被访问的成员有(　　)。

A. 所有类成员　　　　B. private 或 protected 的类成员

C. public 的类成员　　　　D. private 或 public 的类成员

3. 类的访问限定符包括______、______、______。私有数据通常由______函数来访问。这些函数统称为______。

4. 下列程序的运行结果是______。

```
#include <iostream>
using namespace std;
class Test
{
```

```
    static int x;
    int y;
public:
    static int A();
    void B(Test& r);
};
int Test::x = 220;
int Test::A() {
    return x++;
}
void Test::B(Test& r) {
    r.y = 150;
    cout << "Result3=" << r.y << endl;
}
int main()
{
    Test a;
    cout << "Result1=" << Test::A() << endl;
    cout << "Result2=" << a.A() << endl;
    a.B(a);
    return 0;
}
```

5. 定义一个矩形类，其属性数据为矩形的左上角与右下角两个点的坐标能计算矩形的面积。

6. 定义一个复数类，实现两个复数的加、减、乘或除运算。

第九章　构造函数与析构函数

构造函数和析构函数是两类特别的成员函数，它们分别负责构造一个类的各个成员和销毁类的成员。

构造函数可以像普通函数一样被重载，即可以使用不同的类型和不同个数的参数来初始化一个类的内容。和普通函数不同的是，构造函数没有返回值，因为它的任务就是对类的内容进行初始化。

析构函数负责在一个类的对象生命周期到达终点时释放自身的资源，对于简单类型如 int 型这样的数据成员可以交给系统自动释放，但是对于新申请的动态资源就必须在析构函数中手动释放。

对于这两类函数，如果没有手动定义，编译器也会自动为我们合成一个默认的版本，但是这种默认行为比较简单，当类内有比较复杂的资源时仍需手动定义它们。

第一节　构造函数

一、构造函数的定义

构造函数是类中定义的一种特殊的成员函数，其作用是在对象创建时，对其数据成员分配相应的存储空间。如有必要的话，还将对某些变量赋予特定的初值。

我们在使用变量之前，需要对其分配存储空间。在程序运行中，系统为不同数据类型所分配的存储空间是不同的。类作为一种用户自定义的类型，编译程序需要为类的对象分配合理的存储空间。对于类中定义的变量，也需要对其进行初始化的操作。在C++系统中，这些初始化工作由类内定义的构造函数来完成。

构造函数作为类中的特殊函数，具有以下特点：

(1)构造函数名与类名相同。我们可以在类中以不同名字、不同类型命名无数个函数，但是我们创造构造函数时，其函数名必然与类名相同。构造函数没有返回值，因此其一般形式为：

〈构造函数名(即为类名)〉(参数列表)

{函数主体}

例如：

```
student()                //括号为空,因此定义的是无参的构造函数
{
    age = 6; grade = 1;
}
```

当然,我们也可以在类外定义构造函数,就好像定义其他类型的成员函数一样,其一般形式为：

〈类名〉::〈构造函数名(即为类名)〉(参数列表)
{函数主体}

例如：

```
student::student()       //括号为空,因此定义的是无参的构造函数
{
    age = 6; grade = 1;
}
```

由此看来,构造函数作为类内定义的函数,除函数名外,我们创造构造函数的方式与普通函数没有什么不同。

(2)在定义构造函数时,不能指定函数返回值的类型,也不能指定为 void 类型。

(3)任何参数都需要分配存储空间。因此如果没有人为地编写构造函数,编译器就会默认地生成一个不带参数的构造函数,它会对所有的数据成员执行它们的默认值初始化。例如：

```
class example
{
    string str;
    int a;
};
example exm;
```

那么现在 exm 的成员 str 为空的字符串,a 为 0。

(4)我们可以自行编写构造函数,根据需要来实现对类的对象的初始化。需要注意的是,一旦我们人为地定义了构造函数,那么系统的默认构造函数就不会生成了,除非显式地声明这个构造函数。例如：

```
class example
{
    example() = default;
}
```

“=default”表示这个函数是按照默认的方式工作的。

在上一章关于类的学习中，我们在创建一个类的对象时并没有特意去定义构造函数，所以使用的都是系统默认生成的构造函数。

二、构造函数的重载

同其他的普通函数一样，构造函数也可以重载。构造函数可以定义为无参数的构造函数和有参数的构造函数，所包含参数不同的构造函数可以同时被定义。在创建对象时，根据给定实参的数据类型、个数以及顺序来调用对应的构造函数，实现构造函数的重载。之前的章节已经详细介绍过函数重载的有关内容。简而言之，函数重载要求编译器能够准确地、唯一地识别调用重载函数的那个函数体。在了解了构造函数的定义及规范之后，如果构造函数满足函数重载的要求，可以试着利用构造函数的重载来灵活地初始化不同的对象。例如：

```
class student
{
public:
    student()                              //无参的构造函数
    {
        height = 170;
        weight = 60;
        age = 18;
    };
    student(int x, int y, int z)           //带参数的构造函数
    {
        height = x;
        weight = y;
        age = z;
    }
private:
    int height, weight, age;
};
student s1, s2(178, 65, 20);
//s1 调用无参构造函数,s2 调用带参数的构造函数
```

由于在创建对象 s1 和 s2 时给出的参数数量不同，因此编译器调用的构造函数也不同，实现了构造函数的重载。但是如果我们使用指令 student s3(178,65)创建一个对象 s3，程序将会无法运行。原因是对象的参数与任何一个已知构造函数的参数都不匹配。这就是我们此前提到的对象的参数必须与构造函数的参数一致。

上述程序需要对每一种可能的参数情况进行预先的构造函数的定义。一旦对象的

参数与构造函数参数的情况不符，将无法创建对象。但是为了便于进行程序的编写，我们可以使用默认参数来初始化对象。同所有函数一样，构造函数也可以带有默认参数。我们需要在声明构造函数或是定义构造函数时指定默认参数。当我们创建对象时，如果给默认参数提供了实参值，则使用实参进行初始化，否则使用指定的默认值来初始化对象。例如：

```
student(int x = 170, int y = 60, int z = 18)
{
    height = x;
    weight = y;
    age = z;
}
student s1, s2(178), s3(178, 65), s4(178, 65, 20);
```

对于在创建对象时没有给定参数值的参数，则会使用默认值进行初始化，不会出现构造函数与对象的参数不匹配的错误。在使用给定的实参创建对象时，需要注意实参给出的顺序。例如，程序命令 s2(178)和 s3(178, 65)中的实参必须是依次给出的，否则会对数据成员进行错误的初始化。

三、拷贝构造函数

在之前的内容中我们了解了如何使用实参和默认参数来编写构造函数，初始化对象。我们也可以使用类的已知对象去初始化一个新创建的同类对象，实现这种功能的函数就是类的拷贝构造函数。拷贝构造函数实际上也是构造函数，它的参数一般是同类型的引用，在初始化时将已知对象内数据成员的值赋给新建的对象。例如：

```
class student
{
public:
    string gender;
    student(string x)
    {
        gender = x;
        cout << "构造函数被调用" << endl;
    }
student(student& y)
{
    gender = y.gender;
    cout << "拷贝构造函数被调用" << endl;
```

```
    }
};
student s1("Male");
student s2(s1);                    //使用拷贝构造函数初始化对象
```

拷贝构造函数在形式上相当于包含一个特殊参数的构造函数，而这个特殊参数就是该类的一个对象的引用。拷贝构造函数也只有这一个参数。任何类都有一个拷贝构造函数。如果没有定义构造函数，编译器会自动生成一个隐含的完成拷贝功能的构造函数。这个默认拷贝构造函数将依次完成类中对应数据成员的拷贝，也就是说，会将同名变量从已知对象传递至新创建的对象进行初始化。如果不想使用这种隐含的机制，则需要显示地告知编译器。例如：

```
studeng(student& s) = delete;
```

“=delete”表示这个函数是删除的，不可以再进行定义或调用。

需要注意的是，拷贝构造函数的参数不能是同类型对象的值。例如：

```
student(student s);
```

因为这时候使用 s1 构造 s2 时，由于拷贝构造函数是值传递的，编译器需要先将 s1 拷贝给形参 s，这个过程又需要调用拷贝构造函数，这样递归调用下去永远不会停止，所以拷贝构造函数的参数一般是以引用传递。

四、构造函数的列表初始化

在之前几节内容的例程中，我们学习了使用不同种类的构造函数为新建对象中的变量进行初始化。对于构造函数，还可以使用另一种形式来进行初始化。初始化式的构造函数不同于其他类型的构造函数。它的功能实现部分不是在函数体，而是在函数的参数列表。初始化式的构造函数一般格式为在函数名后加上冒号(:)，后面是各个参数的初始化列表。例如：

```
student(int x=170, int y=60, int z=18)
: height(x), weight(y), age(z)
    { }
```

这和之前示例的效果一样，三个数据成员分别使用三个参数进行初始化。但是其和在函数体内进行初始化又具有细节上的不同。在列表内初始化是对数据成员直接进行初始化，在函数体内进行初始化实际上是数据成员已经初始化了，又在函数体内进行的赋值。例如对于 height 这个变量，它们的区别如下：

```
int height=170;                    //列表初始化的效果
int height = 0;
height=170;                        //函数体内构造的效果
```

第二节　析构函数

同构造函数一样，析构函数也是类内的一种特殊的成员函数。它的功能是当对象被销毁时，释放对象所占用的存储空间。从作用上来看，它与构造函数正好相反。类似于堆栈的规则，调用析构函数的次序正好与调用构造函数的次序相反：最先被调用的构造函数，其对应的析构函数最后被调用；而最后被调用的构造函数，其对应的析构函数最先被调用。

相比于构造函数，析构函数则有以下特点：

析构函数的名称为类名前加上字符"～"，从而与之前的构造函数加以区别。析构函数作为成员函数可以写在类体内或是类体外。其一般形式为：

～〈类名〉()
{函数主体}

例如：

```
~student()
{
    cout << "student类的析构函数被调用"<< endl;
}
```

在类体外定义析构函数的一般形式为：

〈类名〉::〈～析构函数名〉()
{函数主体}

例如：

```
student::~student()
{
    cout << "student类的析构函数被调用"<< endl;
}
```

析构函数没有返回值的类型，这一点与构造函数相同。可以通过程序来直接调用析构函数，也可以由系统自动调用。当我们想要释放某个对象的存储空间时，可以像调用对象的普通成员函数一样调用其析构函数，但是不推荐这样做。在下列情况发生时，系统会自动调用析构函数，收回存储空间。

(1)一个临时对象不再被需要时，系统会自动调用其析构函数。

(2)定义在函数内的对象在函数执行完之后，系统会自动调用该对象的析构函数。

(3)使用 new 指令动态创建的对象，在执行 delete 指令后，系统会自动调用该对象的析构函数。

析构函数没有参数，也不能重载。

下面的程序展示了析构函数的执行顺序：

```
#include <iostream>
using namespace std;
class mathscore
{
public:
    string Name;
    float math;
    mathscore(string x,float y)
    {
        Name = x;
        math = y;
        cout << "mathscore类的构造函数被调用" <<"("<<Name <<","<<
        math <<")"<< endl;
    }
    ~mathscore()
    {
        cout << "mathscore类的析构函数被调用" <<"("<<Name <<","<<
        math <<")"<< endl;
    }
};

mathscore globalobject("Bob", 96);                //全局定义的对象

class score
{
public:
    mathscore ms;
    float art;
    score(string x, float y, float z);
    ~score();
};
score::score(string x, float y, float z):ms(x,y),art(z)
{
    cout << "score类的构造函数被调用" <<"("<<ms.Name <<","<<
    ms.math<<","<<art <<")"<< endl;
}
```

```
score::~score()
{
    cout << "score 类的析构函数被调用" << "(" << ms.Name << "," <<
    ms.math << "," << art << ")" << endl;
}

void test()
{
    mathscore localobject("Tom", 85.5);                //定义局部对象
    static mathscore staticobject("Jenny",72.5);       //静态局部对象
}

int main()
{
    test();        //退出函数 test 时只调用局部对象的析构函数释放存储空间
    test();        //第二次调用 test 不会重复创建静态对象
    score nestedobject("Kay", 92.5, 82);          //使用类的嵌套定义的对象
    cout << "退出主程序" <<endl;
    return 0;
}
```

程序运行结果为：

```
mathscore 类的构造函数被调用(Bob, 96)
mathscore 类的构造函数被调用(Tom, 85.5)
mathscore 类的构造函数被调用(Jenny, 72.5)
mathscore 类的析构函数被调用(Tom, 85.5)
mathscore 类的构造函数被调用(Tom, 85.5)
mathscore 类的析构函数被调用(Tom, 85.5)
mathscore 类的构造函数被调用(Kay, 92.5)
score 类的构造函数被调用(Kay, 92.5, 82)
退出主程序
score 类的析构函数被调用(Kay, 92.5, 82)
mathscore 类的析构函数被调用(Kay, 92.5)
mathscore 类的析构函数被调用(Jenny, 72.5)
mathscore 类的析构函数被调用(Bob, 96)
```

上述例程较为全面地展示了程序中常见的各种类型的对象的构造函数与析构函数的执行顺序。结合例程可以很清楚地发现，对于全局定义的对象 Bob(在函数外定义

的对象)，在程序开始执行时，调用构造函数；到程序结束时，调用析构函数。对于局部定义的对象 Tom(在函数内定义的对象)，当程序执行到定义对象的地方时，调用构造函数；在退出对象的作用域时，调用析构函数。用 static 定义的局部对象 Jenny，在首次到达对象的定义时调用构造函数；到文件结束时，调用析构函数。而对于主函数中定义的嵌套对象 Kay，则先执行 score 中类类型数据成员的构造函数，再执行 score 类的构造函数；退出主程序时，先执行类类型数据成员的析构函数，再执行 score 类的析构函数。

特别需要指出的是，在撤销对象时，系统自动收回为对象所分配的存储空间，而不能自动收回由 new 分配的动态存储空间。在程序的执行过程中，对象如果用 new 运算符开辟了空间，则在类中应该定义一个析构函数，并在析构函数中使用 delete 删除由 new 分配的内存空间。

任何对象都必须有构造函数和析构函数，若在类的定义中没有显式地定义析构函数，则编译器将自动产生一个缺省的析构函数，其格式为：

〈类名〉::～〈类名〉() { }；

但在撤销对象时，如果要释放对象的数据成员用 new 运算符分配的动态空间，必须显式地定义析构函数。

第三节 this 指针

假设我们在类内定义了一个无参的函数，那这个无参的函数在定义时，括号内的参数列表当然为空，但是实际上这个函数包含了一个隐藏的参数。这个隐藏的参数是为了指示当前调用这个成员函数的是哪个对象。也就是说，这个隐藏的参数是一个指向类的对象的指针，我们称为 this 指针。例如成员函数 Show，考虑到 this 指针，该函数的完整形式应该是：

```
void Show(student * this)
```

同理，该函数在调用时实际为 s1.Show(&s1)，此时执行的指令为：

```
void Show(&s1) { cout << this->Name << endl; }
```

或

```
void Show(&s1) { cout << ( * this).Name << endl; }
```

此时 this 指针指向的就是对象 s1，也就是正在被操作的对象。一般来说，this 指针不会被显式地使用，除非在成员函数的执行过程中需要访问调用该函数的对象。这句话听上去似乎难以理解，我们可以结合下面的例程进行学习。

```
#include <iostream>
using namespace std;

class student
{
public:
    void setnum(int x): Num(x)
    {  }
    void print()
    {
        cout << this->Num << endl;
    }
    student& getthis()
    {
        return *this;                    //返回 this 指针所指向的对象
    }
private:
    int Num;
};

int main()
{
    student s1, s2;
    s1.setnum(15);
    s1.print();
    s2 = s1.getthis();                   //将 this 指针返回的对象 s1 赋给 s2
    s2.print();
    return 0;
}
```

程序输出的结果为：

```
15
15
```

"在成员函数的执行过程中需要访问调用该函数的对象"，具体到上述例程，即类内定义的成员函数 getthis，返回值是这个函数的对象 s1，因此就需要 this 指针来完成这一操作。还需要注意的是：this 指针是一个局部变量，只是局限于正在使用的成员函数；静态的成员函数只能访问静态的成员变量，因此也没有 this 指针；this 指针是一个隐含的指针，不能被显式地声明出来，通常都是由系统自动指定。如果一个成员函数不改变本身对象的状态，则应该将 this 声明成 const 的，这可以通过下面的形式来实现：

```
void print() const
{
    cout << Num << endl;
}
```

函数名后的 const 就是修饰 this 的，它代表 print 函数不会改变对象的任何数据成员。

习题九

1. 判断以下语句的对错。

(1)构造函数与析构函数都可以通过程序主动调用。

(2)一个对象只能对应一个构造函数与一个析构函数。

(3)析构函数可以通过定义不同的参数个数、数据类型和顺序实现重载。

(4)在撤销对象时，系统会自动释放由 new 运算符开辟的存储空间。

(5)this 指针可以用于从成员函数中返回对象。

2. 请写出类 Date 的默认构造函数、默认析构函数以及 this 指针的形式。

3. 检查下列程序中构造函数的使用是否正确，并说明理由。

(1)

```
#include <iostream>
using namespace std;
class ClassA
{
public:
    void ClassA(int x, int y, int z)
    {
        math = x; science = y; art = z;
    }
private:
    int math, science, art;
};

int main()
{
    ClassA student1(3,5,4);
    return 0;
}
```

(2)

```
#include <iostream>
using namespace std;
class ClassA
{
public:
ClassA(int x = 3, int y = 4, int z = 5)
{
    math = x;
    science = y;
    art = z;
}
ClassA(int x, int y)
   {
      math = x;
      science = y;
   }
}

int main()
{
   ClassA student1(3,5);
   return 0;
}
```

(3)

```
#include <iostream>
using namespace std;
class ClassA
{
public:
   ClassA(int x, int y, int z)
   {
      math = x; science = y; art = z;
   }
```

```
private:
    int math, science, art;
};

int main()
{
    Class A student1();
    return 0;
}
```

4. 根据下列程序写出运行的结果。

```
#include <iostream>
using namespace std;

class Time
{
    int hour, minute;
public:
    Time(int a, int b)
    {
        hour = a; minute = b; cout << "调用非缺省的构造函数\n";
        cout << "Now is " << hour << ':' << minute << endl;
    }
    Time()
    {
        hour = 12;  minute = 0;  cout << "调用缺省的构造函数\n";
        cout << "Now is 12:00" << endl;
    }
    ~Time() { cout << "调用析构函数\n"; }
};
int main(void)
{
    Time t1;
    Time t2(8,5);
    cout << "退出主函数\n";
return 0;
}
```

5. 请写出初始化式的构造函数的特殊作用。

6.试编写一个函数记录学生的每日健康状况。

要求：

(1)学生信息应包括姓名、年龄、体温、有无发热情况、近期有无外出。

(2)用面向对象的方法编程，即尽可能地将变量和运算放在类中完成，主函数应保持最简。

第十章　标准库的容器和算法

STL(standard template library)是C++标准库中最重要，也是最常用的部分之一。STL 包括常用的数据结构、算法和迭代器等设施，实现了代码的高效复用，为C++的使用者提供了庞大而精细的软件架构。

第一节和第二节介绍模板容器。模板容器是 STL 中最重要的部分，包括诸如 array、vector 这样的可以顺序访问容器内元素的顺序容器，和 map、set 等可以实现快速查找的关联容器。多数容器都基于经典的数据结构如链表、队列、二叉树等实现。各个容器都定义有对自身操作的方法，有些方法是多个容器通用的，程序员可以通过相似的接口来使用这些函数。读者可以在本书第十四章获得关于模板的更多细节内容。迭代器是一种高级的编程手法，它提供了一种可以依次访问容器内元素的能力，但又不必过多暴露容器内部的实现细节。在容器和泛型算法中，迭代器都起到了至关重要的作用。

第三节介绍泛型算法。泛型算法是 STL 的另一个重要部分。这些算法实现了对于容器的精细掌控，实现了常用的例如排序(sort、stable_sort)、查找(find、find_if)、计数(count、count_if)等操作。这些算法大大提升了软件开发的效率，使程序员不必从每个细节开始写起。

第一节　顺序容器

一、顺序容器概览

STL 提供了五种顺序容器，分别定义在与它们同名的头文件中，如表 10.1 所示。

表 10.1　顺序容器概览

vector	动态数组	动态生长的数组结构，如无特殊需求，应将 vector 作为首选容器
array*	静态数组	类似于数组的固定大小的数组结构
deque	双端队列	可在两端快速添加和删除元素的动态结构
list	双链表	可在任意位置快速添加和删除元素，但随机访问能力差
forward_list*	单链表	可在任意位置快速添加和删除元素，但随机访问能力差，且访问元素时迭代器只能向前移动

* 表示从C++11 标准后添加。

array 是类似于第四章中介绍的原生数组的一种容器，在声明一个 array 时也如同声明一个数组一样，必须提供一个常量值的容器大小，且一旦固定就不能改变。相比于原生数组，array 提供了许多额外的能力，如获取容器的大小，拷贝和其他 STL 模板容器统一的接口等。所以 array 应当成为多数场合下原生数组的代替者。

vector 是最为常用的顺序容器，它可以像数组一样利用下标来快速访问容器内的元素，但与数组和 array 不同的是，vector 可以动态地生长。这意味着使用者可以不断地向 vector 的尾部添加元素，vector 则会根据元素的数目动态地开辟足够存储这些元素的内存空间。和使用 new[]操作动态申请数组空间相比，vector 将烦琐而容易出错的内存管理封装起来，让使用者可以更加方便而安全地使用动态内存。所以 vector 应该是使用容器的首选，除非在应用场合下有特殊的需求。

deque 是一种基于双端队列实现的容器，和 vector 只能快速地在尾端增删元素不同，deque 允许快速地在容器的两端添加和删除元素。但是由于 deque 的迭代器相比于 vector 的迭代器更加复杂，因此在 vector 可以胜任的工作里，应尽量选用 vector。

list 和 forward_list 是两个相似的容器，它们允许在容器的任何位置快速增加和删除元素。但是它们不支持下标访问元素，并且在访问特定位置的元素时消耗的时间很多。这两者之间的不同是：list 的迭代器支持向前和向后移动，而 forward_list 的迭代器只可以向前移动。如果不需要双向移动迭代器，forward_list 可以提供更优秀的内存管理能力。

对于除了 array 之外的几种动态容器，都有如下几种初始化的方式。下面以 vector 为例进行说明：

```
vector<int> v;                  //(1)
vector<int> v(10);              //(2)
vector<int> v(10, 3);           //(3)
vector<int> vCopy(v);           //(4)
```

vector 后面是一对尖括号(〈〉)包围的 int，它指示这个 vector 里面的元素是 int。(1)声明了一个空的 vector。(2)声明了一个有 10 个元素的 vector，每个元素都为 0，如果元素类型是自定义的类，这种声明里面的每个元素都是调用默认构造方式生成的。

(3)和上一个方式类似,但是第二个参数指定了元素的值,现在 v 里面有 10 个元素,每个都是 3。(4)利用了一个已经存在的容器, vCopy 会拷贝参数里面的所有元素。

具体在编程时选用哪一种顺序容器,不是可以一概而论的,而是需要根据实际的运用场景和上面介绍的每个容器的优缺点来选择。下面介绍一些动态容器通用的操作接口,虽然它们的效果对于每个容器都是相似的,但实际上容器对于每个接口的实现是不相同的。STL 为它们设计了相同的名称和参数类型,这也是泛型编程的特点。表 10.2 列出了顺序动态容器的常用接口。

表 10.2　顺序动态容器的常用接口

push_back	将一个元素插入容器的尾部
pop_back	将尾部的第一个元素弹出
empty	返回容器是否为空的
size	返回容器的元素的个数
insert	将一个元素或者一系列元素插入容器的特定位置
erase	将特定位置的一个或连续几个元素删除

需要指出的是,insert 和 erase 可以对容器中间的若干个元素进行插入或删除,它们主要有两个重载版本:一个增删一个元素,另一个增删一连串的元素。例如:

```
vector<int> v(2, 3);                    // {3, 3}
v.insert(v.begin(), -1);                // {-1, 3, 3}
v.insert(v.begin(), { 1, 2, 3 });       // {1, 2, 3, -1, 3, 3}
v.erase(v.begin());                     // {2, 3, -1, 3, 3}
v.erase(v.begin(), v.begin() + 2);      // {-1, 3, 3}
```

begin 方法返回指向 vector 第一个元素的迭代器,可以在下一节详细了解它。insert 的第一个用法是在第一个元素的前面插入一个元素 -1,第二个用法是继续在第一个元素的前面插入三个元素 1、2、3。insert 总是在第一个元素的前面进行插入,并返回插入的第一个元素的迭代器。erase 可以擦除一个迭代器指向的元素,也可以由两个迭代器指示一个范围并擦除这里的所有元素。它返回擦除元素后面一个元素的迭代器。虽然 vector 和 deque 这样的线性顺序容器也支持 insert 和 erase 从容器中间进行插入和删除,但是尽量不要这么做,因为这样会导致时间开销比较大。如果需要大量地从中间增删元素,可以选用 list 容器。另外,deque 和 list 也支持从头部插入或弹出元素,即 push_front 和 pop_front。vector 则不能这样做。所有的容器都支持 front 和 back 两个函数,它们返回容器第一个和最后一个元素。

二、迭代器简介

迭代器是一种可以指向容器中某个元素的对象,它的行为类似于指针。和指针相同的是,迭代器支持使用自增运算符(++)和解引用运算符(*)。C++标准库中提供了五种迭代器，如表 10.3 所示。

表 10.3　五种迭代器概览

输入迭代器	支持判定两个迭代器是否相等	a == b
输出迭代器	支持对迭代器指向元素的赋值操作	*a = t
前向迭代器	支持所有前两者的操作	a++
双向迭代器	支持在前向迭代器所有操作的基础上提供自减运算	a--
随机访问迭代器	支持双向迭代器操作的同时，支持代数运算、大小判定、下标操作等	a + N a < b

常用的对迭代器操作的函数如表 10.4 所示。

表 10.4　常用的迭代器操作函数

begin	返回一个容器指向第一个元素的迭代器
end	返回指向容器最后一个元素后面一个位置的迭代器
advance	将一个迭代器向前移动 N 个位置
distance	返回两个迭代器之间元素的个数
prev	返回迭代器前面一个元素的迭代器
next	返回迭代器后面一个元素的迭代器

一般地，迭代器表示一个区间都是采用左闭右开的方式，这也是为什么 begin 返回第一个元素的迭代器，而 end 返回最后一个元素后面的迭代器。对于表 10.3 中的前四种迭代器，由于它们不支持如 a + N 这样的代数运算，因此可以使用 advance 获得某个迭代器后 N 个位置的迭代器。

图 10.1 表示一个拥有 8 个 int 型元素的 vector 容器中几个迭代器的位置。begin 返回指向 1 的迭代器，end 指向 8 后面一个元素的迭代器（因为这个迭代器仅仅是容器末尾的标志，所以永远不要对 end 返回的迭代器使用运算符 * 解引用）。使用 begin 的迭代器作为参数调用 next 得到指向 2 的迭代器 iter1，使用 advance(iter1, 2)这样的调用后，iter1 现在指向 iter2 的位置。

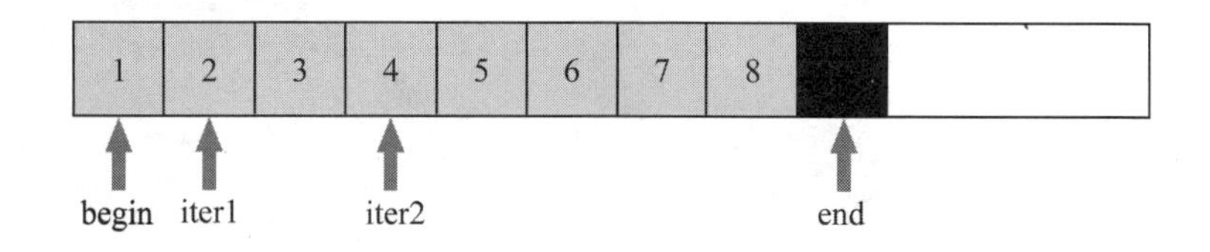

图 10.1　迭代器操作示意图

三、代码示例

下面的代码演示了这几种容器和迭代器的用法：

```
#include <array>
#include <vector>
#include <deque>
#include <list>
#include <forward_list>
#include <iostream>
using namespace std;

int main()
{
    // vector
    vector<int> v;
    // <int>是模板的参数，<>里面的 int 表示 v 是一个 int 的容器
    for (int i = 0; i < 10; ++i) {
        v.push_back(i);                  // 将 i 添加到 v 的末尾
    }
    cout << "v has " << v.size() << " elements :" << endl;
    // size 返回当前的元素数目
    // auto 关键字在C++11 中引进，其作用是自动推断变量的类型
    for (auto iter = v.begin(); iter < v.end(); ++iter) {
        cout << *iter << '\t';
    }
    cout << endl;
    v.pop_back();                        // pop_back 将 v 的最后一个元素删除
    v.erase(v.begin());                  // erase 将参数的迭代器指向的元素删除
    v[1] *= 10;                          // vector 的迭代器支持赋值
    *(v.begin() + 3) = -1;               // vector 的迭代器支持代数运算
    cout << "after modified, v has " << v.size() << " elements: " << endl;
    for (auto iter = v.begin(); iter < v.end(); ++iter) {
        cout << *iter << '\t';
    }
    cout << endl;
    while (! v.empty()) {            // empty 返回一个 bool 值，表示 v 是否为空的
        v.pop_back();
    }
    cout << "now v has " << v.size() << " elements" << endl << endl;
```

```
// deque
deque<int> q{ 1, 2, 3, 4 }; //使用花括号中间的数字初始化一个 deque
cout << "q's elements are: " << endl;
while (! q.empty()) {
    int firstElement = q.front();       // front 返回 deque 当前第一个元素
    cout << firstElement << '\t';
    q.pop_front();                       // deque 还可以从头部弹出
}
cout << endl << endl;

// list
list<int> l;
for (int i = 1; i < 6; ++i) {
    l.push_back(i * i);
}
// l[4] = -1               //错误！list 的迭代器是双向迭代器,不支持下标
// l.begin() < l.end()     //错误！双向迭代器不支持<运算符
auto iter = l.begin();
advance(iter, 4);          //现在 iter 后移了四个元素
*iter = -1;                //可以这样对迭代器赋值
cout << "l has " << l.size() << " elements:" << endl;
//双向迭代器可以用!=来判断是否到达了容器尾部
for (auto iter = l.begin(); iter != l.end(); ++iter) {
    cout << *iter << '\t';
}
cout << endl << endl;

// array
array<int, 5> a; //除了 int 的类型说明,必须提供一个常数说明 array 的大小
for (int i = 0; i < 5; ++i) {
    a[i] = i + 3;
}
// a.push_back(8);           //错误！array 不可以动态生长
const int N = 5;
array<int, N> aCopy = a;
cout << "aCopy has " << a.size() << " elements:" << endl;
```

```
    for (auto iter = aCopy.begin(); iter < aCopy.end(); ++iter) {
        cout << *iter << '\t';
    }
    cout << endl;

    return 0;
}
```

对于上面的代码，会产生下面的输出：

```
v has 10 elements :
0	1	2	3	4	5	6	7	8	9
after modified, v has 8 elements:
1	20	3	-1	5	6	7	8
now v has 0 elements

q's elements are:
1	2	3	4

l has 5 elements:
1	4	9	16	-1

aCopy has 5 elements:
3	4	5	6	7
```

◆**拓展阅读：**auto 关键字在C++11 标准之前表示声明一个自动变量，而在C++11 标准之后是一个强力的类型自动推导关键字，它会根据上下文自动推断出声明的变量是什么类型的。例如，上面代码中的 auto iter=v. begin()，iter 的准确类型是 vector〈int〉::iterator，表示是在 vector〈int〉中的迭代器类型，而 auto 可以根据 v. begin()的返回值推断出这个类型，并把 iter 声明成它。

第二节 关联容器

一、关联容器概览

和顺序容器依靠顺序遍历来访问元素不同的是，关联容器依靠 key-value 的形式来储存元素。两种具有代表性的关联容器是 map 和 set。

map 是数学上集合间映射的建模。想象一个人正在查一本英汉字典,他想要知道"tea"这个单词的意思,于是他翻到某一页,看到上面写着"tea:茶"。map 正是这样一种结构,你可以通过一个关键字(key)查询到和这个关键字相匹配的值(value)。key 和 value 不仅限于词典例子中的字符串形式,而是可以是任意的类型。set 是数学上所谓的集合的建模,和 map 不同的是,set 里只有 key 而没有 value。set 提供了快速查询给定的元素是否在某个集合的能力。例如,可以把 100 以内的质数写出来保存成一个 set,这个 set 的内容就是{2,3,5,7,…,97}。这样对于 100 以内的任意数都可以快速地判断它是不是质数,即只需要查询它是否在这个 set 中即可。map 和 set 的 key 都是唯一的,插入已经存在的 key 会覆盖之前的 value。

map 和 set 的元素都是按 key 的大小排列的。如果不需要元素是有序的,可以将 map 和 set 改为 unordered 版本,它们的多数操作都是相似的。几种关联容器的情况如表 10.5 所示。

表 10.5　关联容器概览

map	有序字典
set	有序集合
unordered_map*	无序字典,查询速度较 map 快
unordered_set*	无序集合,查询速度较 set 快

* 表示从C++11 标准后添加。

对于 map 和 set,其底层是利用红黑树数据结构来实现的,红黑树在插入或删除元素时,必须进行不同元素之间大小的比较,key 必须提供一个小于操作。因此 key 可以是 int、double 等内置类型,也可以是定义了严格弱序的自定义类。而对于后两个无序关联容器,其底层实现利用了散列表数据结构,因此 key 类型必须是内置类型或定义有 hash 值方法的类型,二者的 value 类型都没有限制。有序容器和无序容器相比,有序容器胜在内部元素都是排列有序的,但是插入、删除和查询元素的运行时间都和容器元素数的对数成正比,而无序容器则提供常数时间的均摊插入、删除和查询,但是在最差情况下这两个操作的时间可能会和元素数成正比。

如果容器需要存储重复的 key,则需要 map 和 set 的另一个版本 multimap 和 multiset 两种容器。

二、代码示例

下面的代码使用 map 实现一个电话簿查询功能,使用 set 查询在一个 vector 里所有不重复的元素。

```
#include <iostream>
#include <map>
#include <unordered_map>
#include <set>
```

```
#include <unordered_set>
#include <utility>
#include <vector>
#include <string>
using namespace std;

int main()
{
    // map
    //使用花括号的列表初始化一个 map
    map<string, int> phoneBook({
        {"Monica", 88480001},
        {"Chandler", 88480002},
        {"Phoebe", 88480003}
        });
    //通过 insert 插入一个<string, int>的实例
    phoneBook.insert({ "Ross", 88481234 });
    //直接给一个 key 赋值,如果原先有这个 key,对应的 value 会被覆盖
    phoneBook["Joey"] = 88481235;
    //初始化一个 pair,插入这个 pair
    pair<string, int> Mary = make_pair<string, int>("Rach", 88481236);
    phoneBook.insert(Mary);

    cout << "All items in phoneBook: " << endl;
    for (auto iter = phoneBook.begin(); iter != phoneBook.end(); ++iter)
    {
    // iter 是一个指向 pair 的迭代器,first 取出 key,second 取出 value
    cout << iter->first << '\t' << iter->second << endl;
    }
    // find 返回查找的 key 的迭代器,如果不存在返回 end
    auto iter = phoneBook.find("Ross");
    if (iter != phoneBook.end())
        cout << "Ross's phone is: " << phoneBook["Ross"] << endl;
```

```
else
        cout << "No Ross in phoneBook";

    iter = phoneBook.find("Kate");
    if (iter != phoneBook.end())
        cout << "Kate's phone is: " << iter->second << endl;
    else
        cout << "No Kate in phoneBook" << endl;
    cout << endl;

    //set
    vector<int> v{ 1, 1, 2, 5, 5, 3, 3, 4 };
    //使用一个 vector 的内容初始化一个 set
    set<int> distinct(v.begin(), v.end());
    cout << "Distinct items in vector: " << endl;
    for (auto setIter = distinct.begin(); setIter != distinct.end();
    ++setIter) {
        cout << *setIter << '\t';
            }
    cout << endl;

    return 0;
}
```

上段程序会产生下面的输出：

```
All items in phoneBook:
Chandler        88480002
Joey     88481235
Monica   88480001
Phoebe   88480003
Rach     88481236
Ross     88481234
Mary's phone is: 88481234
No Kate in phoneBook

Distinct items in vector:
1        2        3        4        5
```

可以注意到,虽然插入 map 的顺序是随机的,但是在输出的时候 map 已经把 key 按字典顺序排好了。set 也是这样。

◆**拓展阅读**:适配器也是 STL 的组成部分之一。对于一些数据结构,STL 通过一种名为 adapter 的技术封装已经存在的数据结构来实现,而不是重新定义它们。例如,编程中常用的栈 stack 和队列 queue,都是通过这种方式实现的。stack 的定义如下:

```
template <
    class T,
    class Container = std::deque<T>
> class stack;
```

第一个模板参数 T 标志容器的元素类型,类似于 vector 等。第二个参数表示它默认是用 deque 来实现的,stack 底层依靠 Container 来储存数据,并通过 Container 的函数来封装一些接口供使用。例如,stack 只能通过 push 和 pop 来从栈顶压入和弹出数据,其他的诸如 insert、erase 等操作均不可用。下面是一些 stack 常用的操作:

```
stack<int> stk;                              //默认的 stack
stack <int, vector <int>> stk_v;             //利用 vector 实现的 stack
stk.push(1);                                 // stack:{1}
stk.pop();                                   // stack:{}
cout << (stk.empty() ? "empty" : "not empty") << endl;
                                             //输出 empty
```

第三节　泛型算法

一、算法概览

算法是用于解决特定问题的方法。有一些算法在编程工作中很常用,如果每次编程都重复写一遍算法的话,会造成严重的效率下降。因此 STL 在内部定义了 100 多个常用算法,多数算法如排序、搜索、分割和计数等泛型算法定义在 algorithm 头文件中,一些数值算法定义在 numeric 头文件中,操作内存的算法定义在 memory 头文件中。表 10.6 列出了一些具有代表性的算法。

表 10.6　算法概览

sort	〈algorithm〉	对一个指定的范围排序
count	〈algorithm〉	返回范围内指定元素的个数
for_each	〈algorithm〉	对一个范围内的每个元素应用特定操作
find	〈algorithm〉	返回第一个特定元素的迭代器
max_element	〈algorithm〉	返回指向范围内最大值的迭代器
accumulate	〈numeric〉	返回一个范围内的累加和
inner_product	〈numeric〉	返回两个范围的点积

所有的泛型算法都是以迭代器为操作基础的而非容器本身，也就是说，算法内部对于容器的认识犹如管中窥豹，算法只通过迭代器的接口来改变容器。大体来讲，泛型算法分为只读算法和修改序列的算法。只读算法如 count、find 等算法，只需要返回需要的变量，而不需要修改容器内容，因此为只读算法。相对地，sort 算法对输入的一对迭代器所限定的范围进行排序，就不可避免地会修改容器的元素顺序。

sort 算法接受两个迭代器作为输入参数，并把两个迭代器之间的左闭右开范围进行排序，默认的排序依据是 std::less，即小的元素在前。C++标准规定，sort 的运行时间上限正比于 N * log(N)，其中 N 是范围内的元素数目。需要注意的是，sort 的输入迭代器必须支持随机访问，这意味着 list 容器不可以调用 algorithm 头文件中的 sort，相对应的是 list 自己定义了 sort 成员函数，可以通过 myList.sort()这样的调用来对 list 进行排序。for_each 算法接受两个迭代器指定的范围和一个可调用对象，并用这个可调用对象对范围内的所有元素进行操作。所谓可调用对象，即是可以通过运算符()来调用的对象，可以是函数和指向函数的指针，也可以是 lambda 表达式(将在下一部分介绍)。

二、lambda 表达式

lambda 表达式是一种不指定名称的匿名函数，被广泛应用于多种编程语言，C++语言从C++标准开始支持 lambda 表达式。lambda 表达式有四个组成部分，依次为捕获列表、参数列表、返回类型和函数体，其中参数列表可以省略。捕获列表可以捕获声明时所处代码块的局部变量，变量如果不捕获，则不可以在函数体中使用。默认情况下，函数体内是不可以改变捕获变量的内容的，除非显式在参数列表和函数体之间加上 mutable 关键字。参数列表同普通函数的形参列表相似。一个完整的 lambda 表达式的使用如下：

```
string tom("Tom"), bill("Bill");
auto f = [&tom](string& s) -> string {
    return s.size() > tom.size() ? s : tom;
};
cout << f(bill) << endl;
```

对于这段代码，程序输出 Bill。在第二行中，将一个 lambda 表达式赋给 f，[&tom]是表达式的捕获列表，表达式以引用的方式捕获了字符串 tom。捕获列表有几种特殊情况：[=]表示以值捕获的方式捕获所有变量，[&]表示以引用的方式捕获所有变量。但一般不推荐使用这两种方式。捕获列表应当尽量简单化，以避免引起意外的错误。(string& s)是表达式的输入参数，表示输入是一个字符串的引用。-> string 表示这个表达式返回一个 string 对象。如果没有指定返回类型，且函数体只有一个 return 语句，则编译器会自动推导返回的类型，否则返回类型为 void。{}里面的语句是函数体，这里函数体返回输入的 s 和 tom 两个字符串中较长的一个。

lambda 表达式的应用之一是作为输入参数指定给 STL 泛型算法，以达到灵活的控制效果。例如，定义一个表达式“[] (int& x, int& y) { return x > y; }”作为第三个参数传递给 sort 函数，就可以让 sort 把前两个参数指定的范围的元素从大到小排序。而有些算法如 count、find 等都定义有特化版本，如 count_if、find_if 等，这些特化版本除了接受两个迭代器指定的范围，还有一个可以指定一个可调用对象的形参来计数或查找满足特定条件的元素。这些算法多数要求传入的表达式返回 bool 类型，而表达式的输入参数则不一定。例如，sort 这样的涉及对两个元素进行比较，所以上文定义的 lambda 表达式有两个参数；而 count_if 只需要查看一个元素是否满足条件，因此只需要一个参数。

三、代码示例

下面的代码展示了一些算法的调用方法：

```
#include <iostream>
#include <vector>
#include <list>
#include <string>
#include <algorithm>
#include <numeric>
using namespace std;

// cmpFun 可以作为可调用对象，比较两个整数，前者比较大的时候返回 true
bool cmpFun(const int& a, const int& b)
{
    return a > b;
}

// cmpStruct 是下面定义的这个无名类的一个对象，这个类重载了一个
//operator()，因此它也可以作为一个可调用对象
```

```
struct
{
    bool operator()(const int& a, const int& b) const
    {
        return a > b;
    }
} cmpStruct;

int main()
{
    vector<int> v{ 1, 8, 5, 6, 3, 4, 2, 2 };
    list<int> l(v.begin(), v.end());

    // sort
    cout << "before sorted, v's elements: " << endl;
    for (int i: v) {
        cout << i << '\t';
    }
    cout << endl;
    //默认顺序排序,现在 v 是{ 1, 2, 2, 3, 4, 5, 6, 8 }
    sort(v.begin(), v.end());
    //使用 cmpStruct 排序,现在 v 是{ 8, 6, 5, 4, 3, 2, 2, 1 }
    sort(v.begin(), v.end(), cmpStruct);
    auto cmpLambda = [](const int& a, const int& b) {
        return a < b;
    };
    //使用上面的 lambda 排序 v[0]到 v[4]的内容
    //现在 v 是{ 4, 5, 6, 8, 3, 2, 2, 1 }
    sort(v.begin(), v.begin() + 4, cmpLambda);
    cout << "after sorted, v's elements: " << endl;
    //基于范围的 for
    for (int i: v) {
        cout << i << '\t';
    }
    cout << endl;
    // sort(l.begin(), l.end())
    //错误,list 不支持 algorithm 中的 sort l.sort(cmpFun);
```

```
// find
auto findLambda = [](const int& x) {
    return x > 4;
};
//查找第一个符合上面 lambda 的元素,返回这个元素的迭代器
auto iter = find_if(v.begin(), v.end(), findLambda);
//如果不存在这样的元素就返回 end
if (iter == v.end()) {
   cout << "no element in v is larger than 4" << endl;
}
else {
   cout << "first element larger than 4 found in v[" <<
        distance(v.begin(), iter) << "], it's " << *iter << endl;
}

// count
auto countLambda = [](const int& x) {
   return x % 2 == 1;
};
//计数所有等于 2 的元素个数
int nofTwo = count(v.begin(), v.end(), 2);
//计数所有符合 lambda 的元素,即奇数的个数
int nofOdd = count_if(v.begin(), v.end(), countLambda);
cout << nofTwo << " elements in v are equal to 2" << endl
   << nofOdd << " elements in v are odd" << endl;

// for_each
auto forLambda = [](int& x) {
   x *= 2;
};
//每个元素都变为原来的两倍
for_each(v.begin(), v.end(), forLambda);
//对每个元素依次输出
cout << "after for_each v is: " << endl;
for_each(v.begin(), v.end(), [](int x) {
   cout << x << '\t';
   });
```

```
    cout << endl;

    return 0;
}
```

需要注意的是，上文出现了一个无名的 struct，它只有一个 public 的方法，即重载的运算符()。关于运算符重载，你可以在第十三章获得更多知识。简而言之，一个类如果重载了运算符()，对于这个类的对象 X，你可以像调用函数一样使用它，如 X()。这也是 cmpStruct 可以作为算法的输入参数的原因。一个普通的函数自然也可以作为可调用对象来充当实参。for_each 函数接受一个单参数函数作为参数，用这个函数来操作指定范围的所有对象。第一次，我们使用的 forLambda 将一个整数的引用作为输入参数，所以函数体内将 x 修改为原来的 2 倍的操作直接修改了容器的内容。

基于范围的 for 循环也是C++11 引入的新特性之一，它的一个用法在上面的代码中已经用到。不同于之前学习过的 for 循环，基于范围的 for 循环只需要指定一个支持迭代的对象，就可以将里面的元素依次遍历，在一些场合可以节省代码量。

◆**拓展阅读**：正如本节开头所讲，算法是解决特定问题的方法。然而即便对于完全相同的问题，采用不同的解决策略也会在很大的程度上影响程序的表现。这里的表现指多个方面，如算法运行的时间长度、算法运行期间占用的最多的内存大小等。

随着输入的数据规模增大，一般算法消耗的时间和内存空间都会增大。我们将前者称为时间复杂度，后者称为空间复杂度。对于简单的问题，运行时间通常与输入规模呈多项式关系。例如 count 函数，它需要至少遍历一遍容器，所以它的运行时间上界是下面的形式：$t=an+T$。其中，t 表示运行的时间，n 表示容器大小，a 表示访问一个元素的时间代价，T 表示函数调用和返回等其他的常数时间开销，a 和 T 根据运行机器、环境等的不同而变化。这时我们不关心 a、T 的大小而将 count 的时间复杂度记为 O(n)，表示它的最高项是和 n 成正比的。

对于同样的容器进行排序，STL 的 sort 算法时间复杂度为 O(nlogn)，而在第四章中提到的插入排序则具有 $O(n^2)$ 的复杂度。在容器规模相当大的时候，二者的运行时间就相差很大了。虽然对于固定的数据，插入排序的表现不算最好，但是在应对数据流时，需要将每一个新到来的数据插入到之前排序好的数据中，插入排序就成为了非常合适的选择。由此可见，在解决问题上，必须根据应用场景和需求慎重地选择合适的算法。

习题十

1. 下面列出了一些常用的容器。如果桌子上有一叠纸牌，纸牌可以从上方拿走一张或放下一张，最适合模拟这种过程的容器是(　　)。如果想要模拟在食堂排队等待买饭的学生，最适合模拟的容器是(　　)。

A. vector　　B. list　　C. deque　　D. map

2. 假设你正在编写一个大型网站的后台，网站有一个功能可以根据人的名字查询他的手机号码。如果网站每小时都要应对大量的询问，你应当用下列容器中的(　　)来存储人的名字和号码信息。如果网站有一个新的功能，可以根据查询的两个姓名前缀，返回这两个前缀之间所有人的姓名和号码，例如输入“Da”和“Pz”，则诸如“Frank”“Harry”和“Jack”的信息都被返回，而“Aurora”不在此列，这时，你应当选用下列容器中的(　　)。

A. map　　B. unordered_map　　C. set　　D. unordered_set

3. 请你尝试证明在第四章中学到的排序算法的时间复杂度在最差情况下上限是$O(n^2)$。

4. 编写一个函数，它的原型如下：

```
void deleteOddElement(list<int>& lst);
```

函数接受一个 list 的引用，需要在函数中使用 erase 的单参数版本，将这个容器的所有奇数元素删除。函数应当可以处理意外情况，例如参数 list 是空的等。

5. 请你用第四章中学到的算法，设计一个函数 mySort，函数无返回值，输入参数可以是一个 vector〈int〉的引用，将这个 vector 的元素从小到大排序。

6. 请根据 vector 的内存自动生长原理，并使用之前学过的动态内存和类的知识设计一个类 myVector，这个类可以实现类似于 vector〈int〉的功能。基本要求如下：

(1)一个默认构造函数；

(2)一个 push_back(int x)、pop_back()和 size()的 public 方法，这几个功能类似于 vector 中的功能，前两个没有返回值，第三个返回 size_t 类型的数值，代表当前的元素数目；

(3)设计一个 public 的 getItem(size_t n)实现类似于下标的功能，返回 int& 类型的第 n 个元素的引用；

(4)数据成员和不必要的成员函数用 private 封装起来。

(5)容器必须是动态生长的，而不是申请一块非常大的内存后就不变了。

* 你可以在初始时使用 new 申请一块小的内存，元素增多内存不足时再申请一块大一些的内存，并将原来内存中的元素都复制到新的内存中，再将旧的内存释放掉。不要忘记定义一个析构函数释放掉动态内存。

进阶挑战：在 myVector 中实现 erase(size_t n)和 erase(size_t n1, size_t n2)两个功能。第一个版本删除第 n 个位置的数据，第二个版本删除[n1, n2)之间的所有数据。再实现一个 insert(size_t n, int x)方法，将整数 x 插入到第 n 个元素之前的位置。这三个方法都是 void 的。

第十一章　类的继承

现实世界中许多事物存在继承性，我们经常使用层次分类的方法描述这些事物之间的关系，最高一层是最一般、拥有最普遍特性的事物，低层拥有高层所具有的特性且更具体。例如在生物分类中，“生物”是最高层，拥有新陈代谢、繁殖等普遍属性，越往低层越拥有更多的独特性。而继承是面向程序设计中的基本概念之一。类的继承的核心是基于已有的类快速创建新类的方法。

当我们需要定义多个相似的类时，如果能充分利用已定义的类来扩展新类而不用重新定义所有成员，那将节省很多时间。例如，CollegeStudent 类能继承 Student 类中的成员，那么只需要定义 CollegeStudent 类中的新成员即可。

C++是一种面向对象的语言，其最重要的一个目的就是提供可重用的代码，而类继承就是C++语言提供的用来扩展和修改类的方法。

继承和多态是面向对象的两个最主要的特征。类的继承是面向对象程序设计中最重要的机制，这种机制允许程序员在保持原有特性的基础上进行扩展，增加功能，提供了无限重复利用程序资源的一种途径。使用继承，可以定义相似的类型并对其相似关系进行建模。继承展现了面向对象程序设计的层次结构，体现了由简单到复杂的认知过程。

基于类的继承，可以扩充和完善旧的程序以适应新的需求。这样不仅可以节省程序开发的时间和资源，并且为未来程序增添了新的资源。

第一节　类的继承

继承是类之间定义的一种重要关系，具有传递性，不具有对称性。如图 11.1 所示，B 类继承 A 类，或 A 类派生 B 类，其中 A 类称为基类或父类（base classes），B 类称为派生类或子类（derived classes）。基类负责定义在层次关系中所有类共同拥有的成员，而派生类定义各自特有的成员。

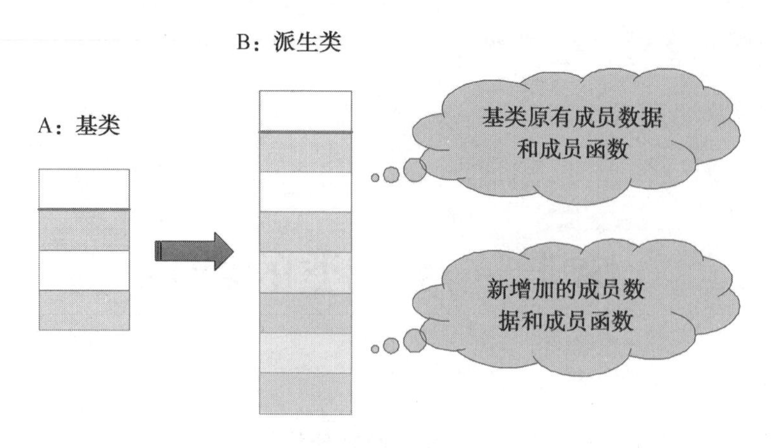

图 11.1　继承示意图

在C++语言中，一个派生类可以从一个或多个基类派生，通过吸收基类成员、改造基类成员以及添加新的成员来生成派生类。从一个基类派生的继承称为单继承，从多个基类派生的继承称为多继承，如图 11.2 所示。在建立派生类的过程中，基类不会做任何改变，派生类会在基类的基础上发生变化。

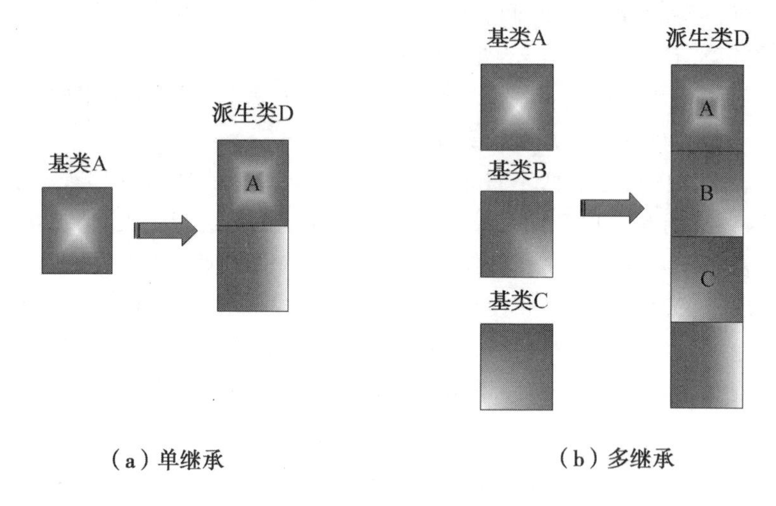

图 11.2　单继承与多继承

第二节　类的单继承机制

一、类的继承的定义

类的继承并非简单的叠加扩充，派生类所继承的基类成员的访问方式可能会产生变化。类的继承存在三种派生方式，有 public 派生、private 派生、protected 派生。默认派生方式是 private 派生。

派生类必须使用派生类列表指出它是从哪个或哪些基类继承而来的。其形式如语法定义中所示：派生类名后以冒号分隔，写出基类列表，每个基类前面可以有访问说明符表明继承方式。派生类需要将继承而来的成员函数中需要覆盖的那些进行重新声明。

单继承时派生类的语法定义如下：

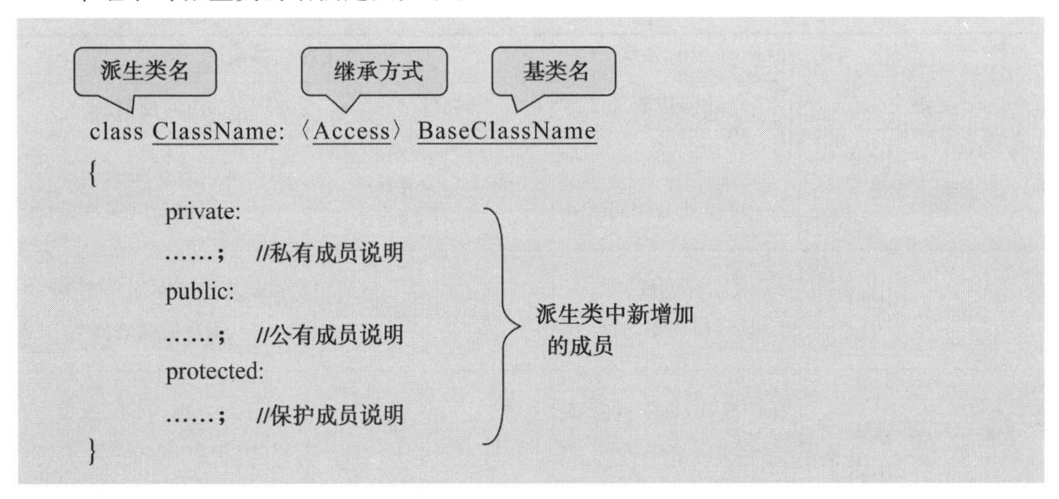

例如：

```
class Student : public person{...};

class Student : protected person{...};

class Student : private person{...};

class Student : person{...};
```

默认时为私有派生

派生类能够继承定义在基类中的成员，但是派生类的成员函数不一定有权访问从基类继承而来的成员。和其他使用基类的程序一样，派生类能访问公有成员而不能访问私有成员。但有时需要派生类有权访问某成员而禁止其他用户访问，这种情况下即可以使用 protected 访问说明符说明这样的成员。

二、派生类的访问控制

访问说明符的作用主要是控制派生类从基类继承而来的成员是否对派生类的用户可见。基类成员继承到派生类中时，其访问说明符的权限小于/等于原权限。其中基类的 private 成员只有基类本身及其友元可以访问，其他方式包括继承都不能进行访问。protected 多用于继承当中，若对访问基类成员的要求是派生类可访问而外部不可访问，那么便可以使用 protected 继承方式。

若一个派生是public继承的，则基类的public成员也是派生类接口的组成部分。我们也能将public派生类型的对象绑到基类的引用或指针上。因为在public派生列表中使用了public，那么派生类的接口隐式地包含基类中的公有函数，同时在任何需要使用基类的引用或指针的地方我们都能使用派生类的对象（见表11.1）。

表11.1 访问控制说明

成员的访问控制		继承访问说明符	
关键字	访问控制	关键字	访问控制
public成员	公有成员，可被外部访问	public继承	基类成员在派生类中保持原有的访问属性
private成员	私有成员，只能被内部访问	private继承	基类成员在派生类中成为私有成员
protected成员	保护成员，只能被内部或者继承类访问	protected继承	基类中的public成员变为protected成员

注：无论以何种方式继承基类，派生类新增成员都不能直接访问基类中的private成员，需通过继承的基类中的其他成员来间接访问（见表11.2）。

表11.2 派生类中的访问控制变化

派生类	基类中的public成员	基类中的private成员	基类中的protected成员
public继承	public	private	protected
private继承	private	private	private
protected继承	protected	private	protected

public继承意味着is-a关系，即适用于基类的每种情况一定也适用于派生类。因为每一个派生类对象也都是一个基类对象（如“学生”与“大学生”之间的关系，每个“大学生”都是“学生”），但反之并不成立。is-a机制即意味着“继承”，具有传递性，不具有对称性。而private继承则是一种implemented-in-terms-of关系。派生类中通过private继承而来的基类的所有成员都会转变为private属性，private继承意味着只有一部分被继承，派生类是根据基类对象而实现的，即派生类以private的形式继承基类仅仅是因为需要采用基类内已经完备的一些特性，而非基类与派生类有任何观念上的关系。

三、基类与派生类的引用和指针

（1）基类对象不可以赋值给派生类对象，但派生类对象可以赋值给基类对象。对于基类对象和派生类对象，编译器默认支持从下到上的转换，上是基类，下是派生类。例如：

```
Derive student(1);
Base person(2);

student = person;                    //从上到下的转换,错误
person = student;                    //从下到上的转换,可以
```

(2)基类指针/引用可以指向派生类对象,但只能访问派生类中基类部分的方法,不能访问派生类部分的方法。派生类指针/引用不可以指向基类对象,解引用可能会出错,因为派生类的一些方法基类可能没有。这种用法在C++语言中非常重要,它是实现动态多态的基础。例如:

```
Derive student(1);
Base person(2);

Derive * p = &person;                //错误,只允许基类指针指向派生类对象
Base *  q = &student;                //正确
```

四、代码示例

公有继承的代码示例如下:

```
#include <iostream>
using namespace std;

class Student
{
public:                                          //公有成员
    void display()
        {
            cout << "num:" << num <<endl;        //学生学号
           cout << "name:" << name <<endl;       //学生姓名
        }
private:                                         //私有成员
    int num=1;
    char name[15]="ZhangSan";
};

class CollegeStudent: public Student             //公有继承,继承自 Student
```

```
{
public:                              //公有新增成员
    void display1()
    {
        display();
        cout << "speciality:" << speciality <<endl;
    }
private:                             //私有新增成员
    char speciality[30]="Biomedical Engineering";
};

int main()
{
    CollegeStudent s;
    s.display
    //调用基类公有成员函数,该函数又调用基类私有成员数据
    s.display1();
    //调用派生类公有成员函数,该函数又调用派生类私有成员数据和基类
    //公有成员函数
    return 0;
}
```

输出结果如下:

```
num:1
name:ZhangSan
num:1
name:ZhangSan
speciality:Biomedical Engineering
```

第三节　单继承中的构造函数与析构函数

一、简单派生类的构造函数

在派生类对象构造时,需要调用基类构造函数对其继承而来的成员进行初始化。简单派生类中只有一个基类,且数据成员中不包括基类的对象。其构造函数的定义形式为:

```
派生类构造函数(总参数列表):基类构造函数(参数列表)
{
    派生类中新增数据成员初始化;
}
```

注:派生类的总参数类别不仅要满足派生类新增成员的初始化需要,还要满足基类构造函数中的参数需要。

如果基类有多个构造函数,可以显式地调用其中一个;如果没有显式调用,默认调用了默认构造函数。

1. 构造函数的执行顺序:基类的构造函数 → 派生类的构造函数

派生类对象在创建时,会首先调用基类的构造函数,基类的构造函数执行结束后再执行派生类的构造函数。基类部分成员的初始化方式在派生类构造函数的初始化列表中指定。

2. 析构函数的执行顺序:派生类的析构函数 → 基类的析构函数

析构函数调用的先后顺序与构造函数相反。首先调用派生类的析构函数,再自动调用基类的析构函数清理基类成员。

下面是一个类继承层次的示例,计算机类 Computer 通过 private 继承显卡类 GraphicCard。

```
class GraphicCard
{
    float _price;
    float _cacheSize;
public:
    GraphicCard(float p, float cache):
        _price(p), _cacheSize(cache)
    { }
};
class Computer: private GraphicCard
{
    float _power;
public:
    Computer(float gpu_price, float gpu_cache, float power):
        GraphicCard(gpu_price, gpu_cache), _power(power)
    { }
};
```

二、有子对象的派生类构造函数

有子对象的派生类指的是派生类的成员包括基类的对象。其构造函数的定义形式为：

派生类构造函数(总参数列表):基类构造函数(参数列表),子对象名(参数列表)
{
　　派生类中新增数据成员初始化；
}

注:派生类的总参数类别不仅要满足派生类新增成员的初始化需要,还要满足基类构造函数以及子对象构造函数中的参数初始化需要。

1. 有子对象的派生类构造函数的执行顺序:基类的构造函数 → 子对象的构造函数 → 派生类的构造函数

有子对象的派生类在创建时,会首先调用基类的构造函数,基类的构造函数执行结束后再执行子对象的构造函数,最后执行派生类的构造函数。

2. 有子对象的派生类析构函数的执行顺序:派生类的析构函数 → 子对象的析构函数 → 基类的析构函数

析构函数调用的先后顺序与构造函数相反。首先调用派生类的析构函数,其次调用子对象的析构函数,最后自动调用基类的析构函数清理基类成员。

有子对象的派生类构造函数示例如下：

```
#include <iostream>
using namespace std;

class Student
{
    int mathscore, chinesescore;
public:
    Student(int a, int b)
    {
        mathscore = a; chinesescore = b;
    }                                                   //基类初始化
    int Getmathscore() { return mathscore; }            //返回数学成绩
    int Getchinesescore() { return chinesescore; }      //返回语文成绩
    void ShowStudent()
    {
        cout << "score of math: " << mathscore << '\n';
```

```
        cout << "score of chinese: " << chinesescore << '\n';
    }
};

class JuniorStudent:public Student
{
    int englishscore;
    Student aver;
public:
    JuniorStudent(int a, int b, int c, int d, int e):Student( a, b),aver(d,e)
{englishscore = c; }
    int Getenglishscore() { return englishscore; }        //返回英语成绩
    int Sum()
    {
        return (Getmathscore() + Getchinesescore() + englishscore);
    }
    void Show()
    {
        cout << '\n'<< "score of math:" << Getmathscore() << '\n';
        cout << "score of chinese: " << Getchinesescore() << '\n';
        cout << "score of english: " << englishscore << '\n';
        cout << '\n'<< "average score of math: " << aver.Getmathscore() << '\n';
        cout << "average score of chinese: " << aver.Getchinesescore()<< '\n';
        if (Getmathscore() + Getchinesescore() >= aver.Getchinesescore()
+ aver.Getmathscore()) {
            cout << '\n'<< "Excellent!" << '\n'
            << "Your score is above average!" << '\n';
}
         else {
            cout << '\n'<< "Sorry!" << '\n'
            << "Your score is below average!" << '\n';
}
    }
};
```

```
int main()
{
    JuniorStudent s1(95,92,96,82,85);
    s1.ShowStudent();
    s1.Show();
    return 0;
}
```

习题十一

1. 下面说法正确的是(　　)。

A. 一个派生类可以有多个基类,一个基类只能有一个派生类

B. 一个派生类可以有多个基类,一个基类也可以有多个派生类

C. 一个派生类只能有一个基类,一个基类可以有多个派生类

D. 上述说法都不对

2. 下列继承方式中,使得继承来的成员只能被该派生类访问的是(　　)。

A. public　　　　B. private

C. protected　　　　D. 默认继承

3. (判断题)有子对象的派生类析构函数的调用顺序为:基类的析构函数 → 子对象的析构函数 → 派生类的析构函数。　　(　　)

4. 下面哪条声明语句不正确?请指出并解释原因。

class Base { ... };

(1)class Derived: public Derived { ... };

(2)class Derived: private Base { ... };

(3)class Derived: protected Base;

5. 请编写一个教师与学生的信息显示程序。具体要求如下:定义一个Person类,包含编号、姓名与性别。定义由Person类派生出的两个类:Teacher类和Student类。其中Teacher类额外包含部门与职称,Student类额外包含班级号与成绩。主函数中定义对象如下:

Student类:姓名:王明,男,编号:58,班级:2,成绩:95。

Teacher类:姓名:陈枫,女,编号:15,部门:英语,职称:教授。

6. 请编写一个Circle类,要求包含私有成员变量radius,完成周长、面积、体积的计算和输出显示。定义派生类Cylinder类,计算圆柱的体积并输出。

第十二章　多继承与虚基类

多继承是C++语言的重要特色之一。在类继承时，C++语言允许派生类继承多于一个基类，这时的继承称为多继承。多继承是一种毁誉参半的技术，因为它难以掌握，同时往往会在调试阶段造成很大的困难。但是合理地使用它可以实现精巧的编程结构。

第一节介绍多继承的基本概念和方法。多继承的使用有时候是必要的，例如我们要定义一个能画在屏幕上的 Square 类，它除了要继承 Shape 类以获得 Area 等图形方法，还要继承 Display 类以获得 Draw 等方法。只使用单继承会让这种实现变得非常困难，不够优美。多继承通常通过明确的类限定符来指定成员属于某个特定基类。

第二节介绍虚基类。这种技术用来解决菱形继承的问题，即类 D 继承类 C 和类 B，而类 C 和类 B 又同时单继承了类 A。这时产生的冲突问题可以通过虚基类来解决。

第三节介绍友元函数。这种函数可以自由调用类中的私有和保护成员数据或成员函数，从而增强类与类之间的沟通。

第一节　多继承

类的继承，是新的类从已有的类中得到已有的特性，从已有的类产生新类。上一章我们学习了类的单继承，即一个派生类从一个基类继承而来。而多继承是单继承的扩展，一个派生类同时有多个基类。

一、多继承的结构

一个类有多个直接基类的继承关系称为多继承。其派生方式如图 12.1 所示，包含从多个基类中继承而来的成员以及新添加的成员。

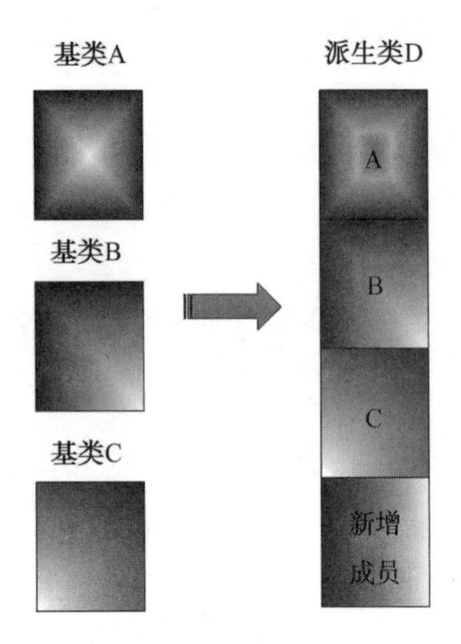

图 12.1　多继承示意图

声明多继承的方法如下：

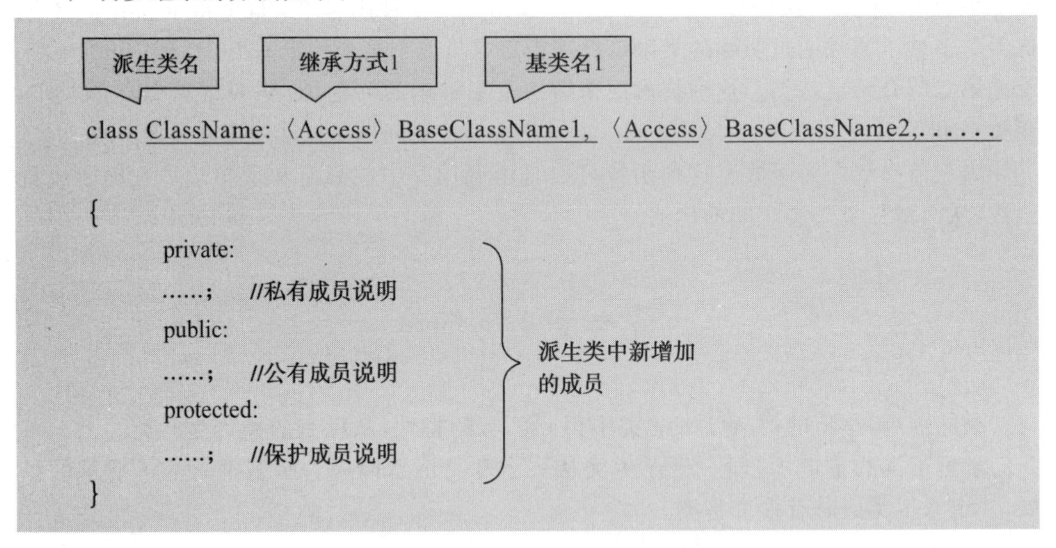

例如：

```
class CellPhone：public ElectronicProduct，protected CommunicationMode，
private EntertainmentDevice；
```

多继承的结构如图 12.2 所示。

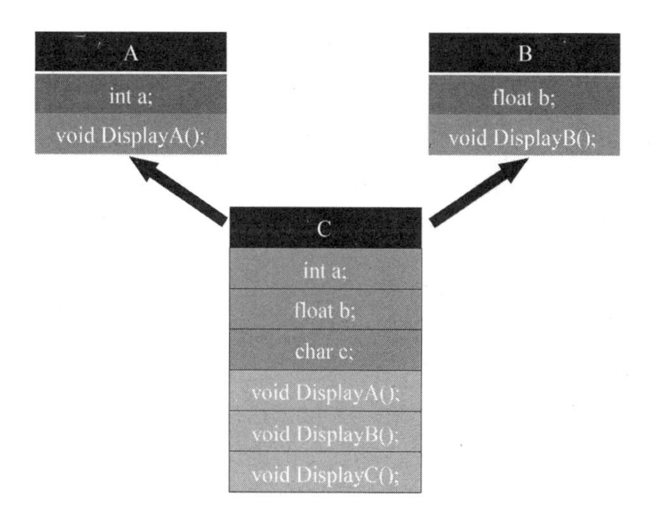

图 12.2 多继承结构

多继承的代码示例如下：

```
class Bed                                    //基类 Bed
{
    double weight;
    int second;
public:
    Bed(double w, int s) { weight = w; second = s; }
    double Getweight() { return weight; }
    void Sleep()
    {
        /* Sleeping on bed */
    }
};
class Sofa                                   //基类 Sofa
{
    double width;
public:
    Sofa(double wi) { width = wi; }
    double Getwidth() { return width; }
    void WatchTV(string programme)
    {
        /* Watch TV on sofa */
    }
```

```
};
//派生类 SleepSofa,由 Bed 类和 Sofa 类派生而来
class SleepSofa:public Bed, public Sofa
{
    double width2;
public:
    SleepSofa(double w, int s, double wi, double wi2):Bed(w, s), Sofa
(wi), width2(wi2);
    {  }
    void FoldOut()
    {
        /* Folding out a sofa bed */
    }
};
```

这个示例演示了多继承的一种典型应用。派生类同时拥有两种或多种基类的特性，同时继承它们可以达到最大的代码复用。

二、多继承派生类的构造函数

多继承下的构造函数和析构函数是相似的，派生类的构造函数需要对基类成员、内嵌子对象和新增成员进行初始化。构造函数不能被继承，多个基类的派生类构造函数可以使用初始式调用基类构造函数来初始化由基类继承来的成员。

多继承派生类构造函数的定义形式为：

```
派生类构造函数(总参数列表):
    基类 1 构造函数(参数列表),基类 2 构造函数(参数列表)……
{
    派生类中新增数据成员初始化;
}
```

多继承下的构造函数执行顺序与单继承情况下构造函数的调用顺序类似。多个基类的构造函数执行顺序取决于在定义派生类时指定的各个继承基类的顺序。

多继承派生类构造函数的调用顺序如下：

基类的构造函数 → 子对象的构造函数 → 派生类的构造函数

多继承派生类撤销对象时，析构函数的调用顺序与之相反：

派生类的析构函数 → 子对象的析构函数 → 基类的析构函数

多继承构造函数的代码示例如下：

(1)构造函数的简单示例片段：

```
class A
{
public:
    A(int aa = 0): a(aa) {  }
private:
    int a;
};
class B
{
public:
    B(int bb = 0): b(bb) {  }
private:
    int b;
};
class C:public A, public B
//基类 A 与基类 B 均通过公有继承得到派生类 C
{
public:
    C(int a1, int a2, int b1, int b2, int cc):
    A(a1), B(b1), a(a2), b(b2), c(cc) {  }                //构造函数
private:
    A a;  B b;  int c;
};
```

(2)构造函数、析构函数的调用顺序示例：

```
#include <iostream>
using namespace std;

class Base1
{
public:
    Base1(int aa) { cout << "调用 Base1 的构造函数! \n"; }
    ~Base1() { cout << "调用 Base1 的析构函数! \n"; }
};
class Base2
{
```

```
public:
    Base2() { cout << "调用 Base2 的构造函数！\n"; }
    ~Base2() { cout << "调用 Base2 的析构函数！\n"; }
};

class Derived: public Base2, public Base1
{
public:
    Derived()
    {
        cout << "调用 Derived 的构造函数！\n";
    }
    ~Derived() { cout << "调用 Derived 的析构函数！\n"; }
};
int main()
{
    Derived c();
    return 0;
}
```

输出结果如下：

```
调用 Base2 的构造函数！
调用 Base1 的构造函数！
调用 Derived 的构造函数！
调用 Derived 的析构函数！
调用 Base1 的析构函数！
调用 Base2 的析构函数！
```

三、多继承引起的二义性问题

在多继承中，一个派生类对象拥有多个直接或间接基类的成员。派生类对基类成员的访问应该是确定的、唯一的，但常常会有一些情况导致访问不一致，产生二义性。

(1)成员之间不同名时，派生类对其访问不会出现二义性。但如果派生类所继承的不同基类中存在同名成员，或基类与派生类之间发生成员同名时，将出现访问的不确定性——同名二义性，如图 12.3 所示。

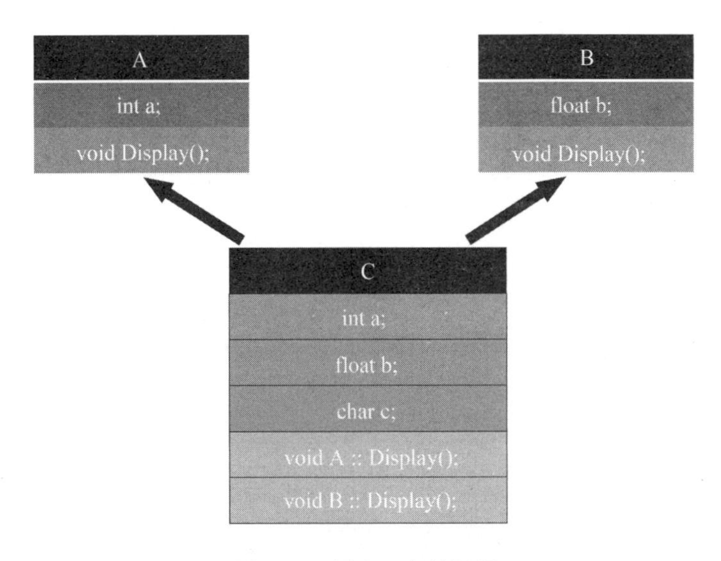

图 12.3　同名二义性问题

当使用"C c; c.Display();"时，两个基类中存在同名成员函数，派生出的子类将产生二义性问题。此时，解决方案是：可使用作用域限定符"::"来限定派生类调用的是哪个基类的函数，或者在类中定义同名成员，覆盖掉基类中的相关成员，如图 12.4 所示。

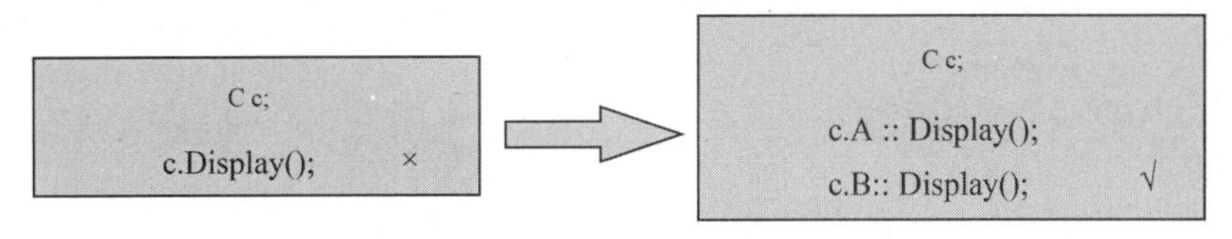

图 12.4　基类同名二义性问题的解决方案之一

(2)若派生类所继承的多个基类是从同一个基类派生的，那么在访问此共同基类中的成员时，同样会产生不确定性——路径二义性，如图 12.5 所示。

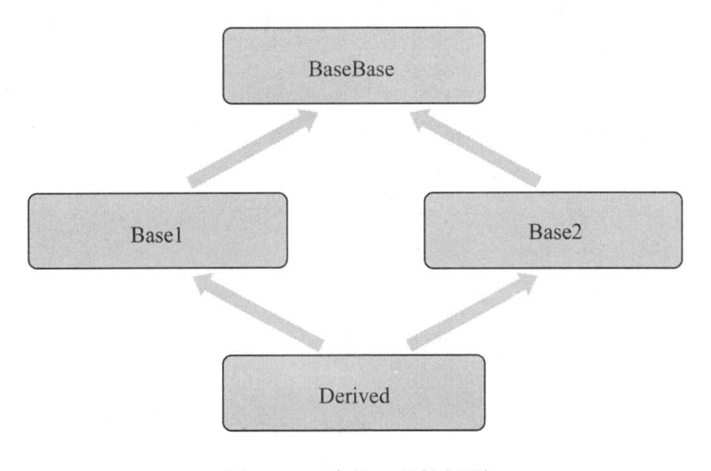

图 12.5　路径二义性问题

BaseBase 类派生了 Base1 类与 Base2 类，而 Base1 类与 Base2 类又作为基类派生了 Derived 类。若 BaseBase 中有成员 a，Base1 与 Base2 分别都继承了成员 a，Derived 又继承了 Base1 与 Base2，那么 Derived 中同时存在从 Base1 继承来的 a 与从 Base2 继承来的 a。实际调用 a 时就存在二义性。解决方案有三种：①使用作用域限定符"::"来限定派生类调用的是哪个基类的函数；②在类中定义同名成员，覆盖掉基类中的相关成员；③虚继承，使用虚基类。

例如：

```
#include <iostream>
using namespace std;

class Base1 {
public:
    int x;
    void Show() { cout << "x=" << x << '\n'; }
    Base1(int a = 0) { x = a; }
};

class Base2 {
public:
    int x;
    void Show() { cout << "x=" << x << '\n'; }
    Base2(int a = 0) { x = a; }
};

class Derived:public Base1, public Base2
{
   int y =0;
public:
    //void Setx(int a) { x = a; }
    //错误，存在二义性，c1 对象中有两个 x 成员
    //利用类作用域限定符(::)来说明数据或函数的来源
    void Setx(int a) { Base1::x = a; }
    void Sety(int b) { y = b; }
    int Gety() { return y; }
};

int main()
{
```

```
    Derived d1;
    //d1.Show(); //错误,存在二义性,c1对象中有两个Show()函数
    d1.Base2::Show();
    //利用类作用域限定符::来说明数据或函数的来源
    return 0;
}
```

第二节　虚基类

一、路径二义性问题

如果一个派生类从多个基类继承而来,而这些基类又有一个共同的基类,那么在对该共同基类中的成员进行访问时,可能产生二义性,如图12.6所示。

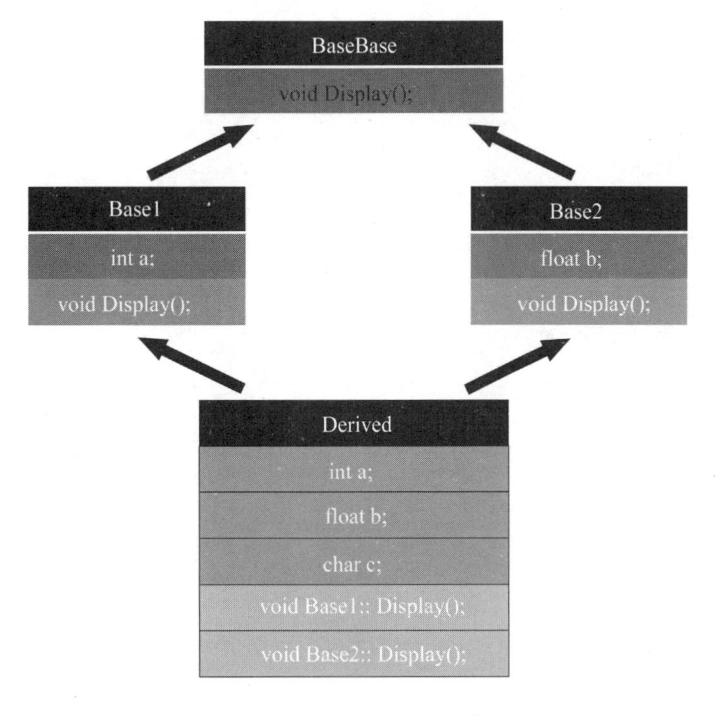

图12.6　多继承产生的二义性问题

这种同一个公共的基类在派生类中产生了多个拷贝,不仅多占用了存储空间,而且可能会造成多个拷贝中的数据不一致和模糊的引用。

代码示例如下:

```
#include <iostream>
using namespace std;

class BaseBase
{
public:
    int x;
    BaseBase(int a = 0) { x = a; }
};
class Base1:public BaseBase
{
public:
    int y;
    Base1(int a = 0, int b = 0):BaseBase(a) { y = b; }
};
class Base2:public BaseBase
{
public:
    int z;
    Base2(int a, int c) :
    BaseBase(a) { z = c; }
};
class Derived:public Base1, public Base2
{
public:
    int dx;
    Derived(int a1, int b, int c, int d, int a2):Base1(a1, b), Base2(a2, c)
    {
        dx = d;
    }
};
int main()
{
    Derived d1(10, 20, 30, 40, 50);
    //cout << d1.x << endl;                //模糊引用,错误
    return 0;
}
```

在多继承中,若要使公共基类在派生类中只有一个拷贝,则可将这种基类说明为虚基类。虚基类的作用是可以使得在继承间接共同基类时只保留一份成员。从不同的路径继承过来的同名数据成员在内存中只有一个拷贝,同一个函数也只有一个映射。

定义方式:在派生类的定义中,只要在基类的类名前加上关键字 virtual,就可以将基类说明为虚基类。例如:

```
class B:public virtual A
{
public:
        int y;
        B(int a=0,int b=0):A(b) {y=a;}
};
```

代码示例如下:

```
#include <iostream>
using namespace std;

class A {
public:
int a;
   void display() { cout << a << endl; }
};
class B:virtual public A { };
class C:virtual public A { };
class D:virtual public A { };
class E:public B, public C, public D { };
int main()
{
   E e;
   e.a = 1;
   e.display();
   return 0;
}
```

为了保证虚基类的成员在派生类中只继承一次,应当在该基类的所有直接派生类中将该基类声明为虚基类。

由虚基类派生出的对象初始化时,直接调用虚基类的构造函数。因此,若将一个类定义为虚基类,则一定有正确的构造函数可供所有派生类调用。

二、虚基类的构造函数

一般而言，派生类只对其直接基类的构造函数传递参数，但是如果在虚基类中定义了带参数的构造函数，且没有默认构造函数，那么在其所有直接或间接派生类中，都必须通过初始化表对虚基类进行初始化。

虚基类的初始化与一般多继承的初始化在语法上是一样的，但其构造函数的调用次序不同。派生类构造函数的调用次序有三个原则：

(1)虚基类的构造函数在非虚基类之前调用；

(2)若同一层次中包含多个虚基类，这些虚基类的构造函数按它们说明的次序调用；

(3)若虚基类由非虚基类派生而来，则仍先调用基类的构造函数，再调用派生类的构造函数。

代码示例片段 1：

```
#include <iostream>
using namespace std;

class BaseBase
{
public:BaseBase(int aa) { a = aa; }
private:int a;
};
class Base1:virtual public BaseBase
{
public:Base1(int aa, int bb):BaseBase(aa) { b = bb; }
private:int b;
};
class Base2:virtual public BaseBase
{
public: Base2(int aa, int cc):BaseBase(aa) { c = cc; }
private:int c;
};
class Derived:public Base1, public Base2
{
public:
    Derived(int aa, int bb, int cc, int dd):BaseBase(aa), Base1(aa, bb),
Base2(aa, cc)
```

```
    {
        d = dd;
    }
private:int d;
};
int main()
{
    Derived d1(10, 20, 30, 40);
    return 0;
}
```

代码示例片段 2：

```
#include <iostream>
using namespace std;

class A
{
public:
    int x;
    A(int a = 0) { x = a; }
};
class B:public virtual A
{
public:
    int y;
    B(int a = 0, int b = 0): A(a) { y = b; }
};
class C:public virtual A
{
public:
    int z;
    C(int a = 0, int c = 0):A(a) { z = c; }
};
class D:public B, public C
{
public:
```

```
    int dx;
    D(int a1, int b, int c, int d, int a2):B(a1, b), C(a2, c),A(a2)
    //直接在派生类中调用虚基类的构造函数
    //没有对虚基类构造函数的调用,用缺省的构造函数
        {
            dx = d;
        }
};

int main()
{
    D d1(10, 20, 30, 40, 50);
    cout << d1.x << endl;
    d1.x = 400;
    cout << d1.x << endl;
    cout << d1.y << endl;
    return 0;
}
```

第三节　友元函数

private 成员对于类外的所有程序部分都是隐藏的,想要访问它们,则需要调用一个 public 成员函数。而友元函数是一个例外。

一、友元函数的定义

友元函数是一种不属于类成员,但却可以访问该类的私有成员的函数。换言之,友元函数被该类视为自己的成员。友元函数可以是常规的独立函数,也可以是其他类的成员。

友元函数不是成员函数,其用法也与普通函数完全一致,不过它能访问类中的所有数据。友元函数突破了类的封装性和隐蔽性,使得非成员函数可以访问类的私有成员。它不带有 this 指针,因此必须将对象名或对象的引用作为友元函数的参数,这样才能访问到对象的成员。

友元函数需要在类体内进行说明,在前面加上关键字 friend。其一般格式为:

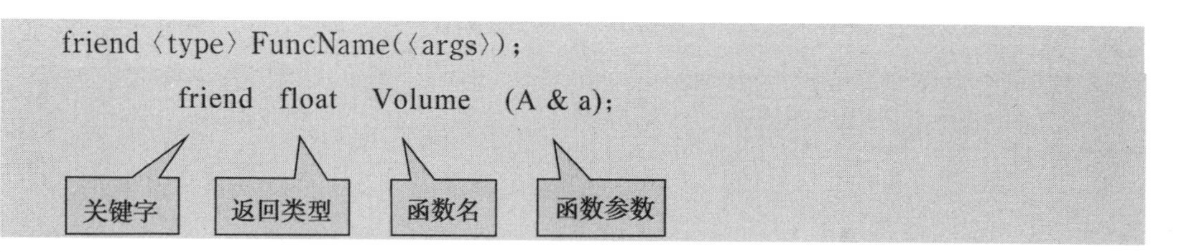

代码示例如下：

```
#include <iostream>
using namespace std;

class A
{
    float x, y;
public:
    A(float a, float b) { x = a; y = b; }
    float Sum() { return x + y; }        //成员函数
    friend float Sum(A& a) { return a.x + a.y; }
    // Sum()为友元函数
    //友元函数只能用对象名引用类中的数据
};
int main()
{
    A t1(4, 5), t2(10, 20);
    cout << t1.Sum() << endl;          //成员函数的调用,需利用对象名调用
    cout << Sum(t2) << endl;           //友元函数的调用,可直接调用
    return 0;
}
```

输出结果如下：

```
9
30
```

二、友元函数与一般函数的区别

(1)友元函数必须在类的定义中说明,其函数体可在类内定义,也可在类外定义;

(2)友元函数可以访问该类中的所有成员(公有的、私有的和保护的),而一般函数只能访问类中的公有成员。

代码比较示例如下：

```
#include <iostream>
using namespace std;

class A  {
    float x, y;
public:
    A(float a, float b) { x = a; y = b; }
    float Getx() { return x; }
    float Gety() { return y; }
    float Sum() { return x + y; }                    //成员函数
    friend float Sum(A&);                            //友元函数
};
float Sumxy(A& a) { return a.Getx() + a.Gety(); }
//普通函数,必须通过公有函数访问私有成员
float Sum(A& a) { return a.x + a.y; }
//友元函数,可以直接调用类中的私有成员
int main()
{
    A t1(1, 2), t2(10, 20), t3(100, 200);
    cout << t1.Sum() << endl;                        //对象调用成员函数
    cout << Sum(t2) << endl;                         //调用友元函数
    cout << Sumxy(t3) << endl;                       //调用一般函数
    return 0;
}
```

输出结果如下:

```
3
30
300
```

友元函数不受类中访问权限关键字的限制,把它放在类的私有部分、公有部分或保护部分,其作用都是一样的。换言之,在类中对友元函数指定访问权限是不起作用的。友元函数的作用域与一般函数的作用域相同。由于友元函数打破了类的封装性和隐蔽性,因而需谨慎地使用友元函数。通常,如果仅使用友元函数来获取对象中的数据成员值,而不修改对象中的成员值,那么该操作是安全的。

为了增强类与类之间的沟通,可以将 A 类中的某个成员函数定义为 B 类中的友元函数,那么这个成员函数可以直接访问 B 类中的私有数据。这就实现了类与类之间的沟通。

注意：一个类的成员函数作为另一个类的友元函数时，应先定义友元函数所在的类。

代码示例 1：

```
#include <iostream>
using namespace std;

class B;                    //先定义类 A,则首先对类 B 作引用性说明
class A
{
    ......                  //类 A 的成员定义
public:
    void fun(B&);           //函数的原型说明
};
class B
{
    ......
    friend void A::fun(B&);             //定义友元函数
};
void A::fun(B& b)           //函数的完整定义
{
    ......                  //函数体的定义
}
                            //在 fun()中可以直接引用类 B 的私有成员
```

代码示例 2：

```
#include <iostream>
using namespace std;

class B;                    //必须在此进行引用性说明
class A
{
    float x, y;
public:
    A(float a, float b) { x = a; y = b; }
    void Sum(B&);           //说明友元函数的函数原型是类 A 的一成员函数
};
class B
{
```

```
    float m, n;
public:
    B(float a, float b) { m = a; n = b; }
    friend void A::Sum(B&);//说明类 A 的成员函数是类 B 的友元函数
};
void A::Sum(B& b)            //定义该友元函数
{
    x = b.m + b.n;    y = b.m - b.n;
}
int main()
{
    A a1(3, 5);
    B b1(10, 20);
    a1.Sum(b1);
    //调用函数,因是类 A 的成员函数,故用对象调用
    return 0;
}
```

三、友元类

若类 B 为类 A 的友元,则此时对于类 B 而言,类 A 是透明的,类 B 可以自由使用类 A 中的成员,但类 B 必须通过类 A 的对象使用类 A 的成员。

友元类的代码示例如下:

```
#include <iostream>
using namespace std;

const float PI = 3.1415926;
class A
{
    float r;
    float h;
public: A(float a, float b) { r = a; h = b; }
    float Getr() { return r; }
    float Geth() { return h; }
    friend class B;                    //定义类 B 为类 A 的友元
};
```

```
class B
{
    int number;
public:B(int n = 1) { number = n; }
     void Show(A& a)
     {
         cout << PI * a.r * a.r * a.h * number << endl;
     }                                       //求类 A 的某个对象 * n 的体积
};
int main()
{
     A a1(25, 40), a2(10, 40);
     B b1(2);
     b1.Show(a1);b1.Show(a2);            //直接引用类 A 的私有成员
     return 0;
}
```

不管是按哪一种方式派生，基类的私有成员在派生类中都是不可见的。如果要在一个派生类中访问基类中的私有成员，可以将这个派生类声明为基类的友元。

友元应用的代码示例如下：

```
#include <iostream>
using namespace std;

class M
{
    friend class N;
    //N 为 M 的友元，可以直接使用 M 中的私有成员
private:
    int i, j;
    void show(void) { cout << "i=" << i << '\t'<< "j=" << j << '\t' ; }
public:
    M(int a = 0, int b = 0) { i = a; j = b; }
};
class N:public M {                          //N 为 M 的派生类
public:     N(int a = 0, int b = 0):M(a, b) {   }
     void Print(void) { show();      cout << "i+j=" << i + j << endl; }
};
```

```
int main()
{
    N n1(10, 20);
    M m1(100, 200);
    //m1.show();                    //私有成员函数,在类外不可调用
    n1.Print();
    return 0;
}
```

运行结果如下:

```
i=10    j=20    i+j=30
```

习题十二

1. 下列说法正确的是(　　)。

A. 一个类可以被多次说明为一个派生类的直接基类,可以不止一次地成为间接基类

B. 一个类不能被多次说明为一个派生类的直接基类,可以不止一次地成为间接基类

C. 一个类不能被多次说明为一个派生类的直接基类,且只能成为一次间接基类

D. 一个类可以被多次说明为一个派生类的直接基类,但只能成为一次间接基类

2. 下列关于虚基类的说明形式的描述,正确的是(　　)。

A. 在派生类类名前添加关键字 virtual

B. 在基类类名前添加关键字 virtual

C. 在基类类名后添加关键字 virtual

D. 在派生类类名后、类继承的关键字之前添加关键字 virtual

3. 下列关于虚基类的描述,错误的是(　　)。

A. 设置虚基类的目的是消除二义性

B. 虚基类的构造函数在非虚基类之后调用

C. 若同一层中包含多个虚基类,这些虚基类的构造函数按它们说明的次序调用

D. 若虚基类由非虚基类派生而来,则仍然先调用基类的构造函数,再调用派生类的构造函数

4. 请编写一个信息显示程序。具体要求如下:

定义一个 Person 类,包含 protected 成员:姓名、年龄。定义由 Person 类派生出的两个类:Teacher 类和 Student 类。其中 Teacher 类额外包含课时数、课时费、工资计算函数(课时费×课时数)。Student 类额外包含学号信息。以 Teacher 类和 Student 类为基类派生 Assisant 类(助教)。编写主函数,构造 Assisant 实例,初始化该助教的姓名、年龄、学号、课时费、课时数,然后输出工资。注意多继承时的二义性。

第十三章　多　态

多态是面向对象编程(object-oriented programming,OOP)的三大特性之一。多态包括静态多态和动态多态,静态多态即我们在之前学过的函数重载,这种多态是在编译期实现的。本章着重介绍第二种多态——动态多态,这种多态是在运行期实现的,本章的多态一词特指这种多态。

第一节介绍多态的概念和虚函数。虚函数是动态绑定的基础,也是多态的核心。虚函数的引进,使得程序可以用基类的指针或引用来调用派生类的方法,程序直到运行时才能知道要执行哪个版本的虚函数。

第二节介绍虚函数的一些细节,例如虚函数的实现方式——虚函数表,以及为什么要在基类定义一个虚的析构函数等问题。

第三节介绍纯虚函数和抽象类。抽象类的引进丰富了C++语言的多态环境,提供了类似于其他语言的接口。

第一节　多态和虚函数

一、多态概览

多态是计算机科学的术语,指为不同的类提供相同的接口,或用同样的符号表达不同的类型。例如,在第八章中学到的函数的重载,可以使用不同的参数区分同样名称的函数,来实现不同的效果。但是这种多态发生在编译期,当代码被编译成汇编代码时,这个多态的行为就已经确定了。本节介绍的动态多态使用动态绑定实现,需要在运行的时候才能确定多态的行为。

在类结构层次中,基类的指针或引用不仅可以绑定到基类的对象上,也可以绑定到它的派生类的对象上。但是反过来用派生类的指针或引用绑定基类的对象则不允许。例如:

```
base * bPtr = &deriveObj;          //可以，基类指针指向派生类的对象
base& bRef = deriveObj;            //可以，基类引用绑定到派生类的对象
derive * dPtr = &baseObj;          //错误
```

当基类的指针或引用绑定到派生类的对象时，派生类的对象可以当作基类来看待。这种特性意味着如果派生类中有一个和基类中同名的函数，使用 bPtr 调用这个函数会始终执行 base 的版本，尽管指针指向的是 derive 的对象。C++语言使用虚函数机制来解决这种需求，即当基类指针指向层次中不同的对象时，会执行这个对象的函数。

当局限在面向对象编程的范围内时，多态也特指通过指针或者引用的动态类型来获得不同的行为的操作，这种实现的技术也叫作动态绑定。

二、虚函数

虚函数是多态的基础之一。对于普通成员函数，基类的行为和派生类的行为并无二致，除非派生类覆写了这个函数。如果想让一个函数在基类和派生类作出不同的行为，则应该把这个函数声明成 virtual 的，即虚函数。

我们已经知道，一个基类的指针或者引用可以指向派生类的对象，虚函数依赖于这种特性，当调用虚函数的指针指向基类的对象时调用基类的虚函数版本，指向派生类的时候就调用派生类的版本。普通成员函数则只能调用基类的版本，即便派生类已经把基类的版本覆写了。例如以下两个类的定义：

```
class base
{
public:
    void nonVirtualPrint() {
        cout << "non-virtual-base" << endl;
    }
    virtual void virtualPrint() {
        cout << "virtual-base";
    }
};

class derive: public base
{
public:
    void nonVirtualPrint() {
        cout << "non-virual-derive" << endl;
    }
```

```
    virtual void virtualPrint() override {
        cout << "virtual-derive" << endl;
    }
};

derive d; base b;
base * bPtr = &d;
```

derive 以 public 的方式继承了 base 类，base 类实现了两种方法：第一个 nonVirtualPrint 是非 virtual 的，另一个 virtualPrint 是 virtual 的。虚函数和普通成员函数一样，可以被声明成 public、protected 和 private 的，即便是声明为 private，派生类也可以 override 这个虚函数。基类的虚函数在派生类中默认也是虚函数。derive 类有相同名字的两个方法。正如之前提到的，nonVirtualPrint 由于不是 virtual 的，所以覆写了基类的同名函数，另一个是虚函数的重载，前面的修饰词 virtual 可以省略，不影响效果，后面的 override 表示这个函数是重载基类的一个虚函数，也可以省略。override 是C++11 引进的关键字，在一个非 virtual 的函数后面使用它编译器就会报错。应当尽可能地使用它，以避免因为疏漏而造成重载接口不对应导致的错误。另一个相似的关键字是 final，也是C++11 所引进的，它表示这个虚函数不可以在派生类中被重载。使用这样的关键字并非必需的，但是它们有助于程序员显式地声明自己的意向，并且可以在编译期就捕获错误。

现在一个 base 的指针 bPtr 被绑定到了一个派生类对象 d 上，如果使用"bPtr->virtualPrint();"这样的语句调用，程序就会输出"vitual-derive"，这是因为程序会根据 bPtr 绑定的对象调用相应的虚函数版本。反之，如果调用 nonVirtualPrint 方法，则会输出"non-virtual-base"，因为普通成员函数的调用在编译期就已经确定了调用版本。这也是为什么多态只能用指针和引用进行，普通对象在编译时确定了自身的类型，只拥有静态类型。而指针和引用可以绑定到继承层次中位于下层的对象，因此还拥有动态类型。

使用类型限定可以回避多态机制，调用特定的函数版本。以上文代码为例，如果调用时限制了函数所属类，如"bPtr->base::viruaIPrint();"，这时程序会输出"virtual-base"。"base::"说明了调用函数的版本，这种说明的优先级高于多态机制。

三、代码示例

下面的代码演示了一些多态的用法：

```
#include <iostream>
using namespace std;

class animal
{
```

```
public:
    void call() {
        cout << "animal calls" << endl;
    }
    virtual void eat() {
        cout << "animal eating something" << endl;
    }
};

class sheep: public animal
{
public:
    void call() {
        cout << "bleats~bleats~" << endl;
    }
    void eat() override {
        cout << "sheep eating grass" << endl;
    }
};

class goat: public sheep
{
public:
    void eat() {
        cout << "goat eating leaves" << endl;
    }
};

class panda: public animal
{
public:
    void eat() {
        cout << "panda eating bamboo" << endl;
    }
};

voidinvokeEat(animal * animalPtr)
```

```
{
    animalPtr->eat();
}

int main()
{
    animal animalObject;
    sheep sheepObject;
    goat goatObject;
    panda pandaObject;
    animal * animalPtr = &sheepObject; //指针现在指向 sheep 对象
    sheep& sheepInf = goatObject;      //引用绑定到 goat 对象上

    animalPtr->call();                 //调用 animal 版本的 call
    animalPtr->eat();                  //调用 sheep 版本的 eat
    animalPtr->animal::eat();          //显式调用 animal 的 eat

    pandaObject.call();            // panda 对象的 call,等同于 animal 版本的
    sheepObject.call();            // sheep 对象的 call
    goatObject.call();             // goat 的 call 继承自它的直接父类 sheep

    //将 panda 对象的地址作为指针调用 panda 版本的 eat
    //这里的 panda * 隐式转换为 animal *
    invokeEat(&pandaObject);

    sheepInf.eat();                    //使用引用实现多态,调用 goat 的 eat

    return 0;
}
```

这段代码定义了四个类:第一个基类是最广泛的概念,抽象表示所有动物的概念;第二个 sheep 类继承了 animal 类,并特化动物到羊这一种类;第三个类 goat 继承了 sheep,使羊具体到了山羊类;最后一个类 panda 也表示一种具体动物。这几种类的继承层次可以用图 13.1 来表示,你可以在 Visual Studio 里使用类图工具获得类似的表示方式。

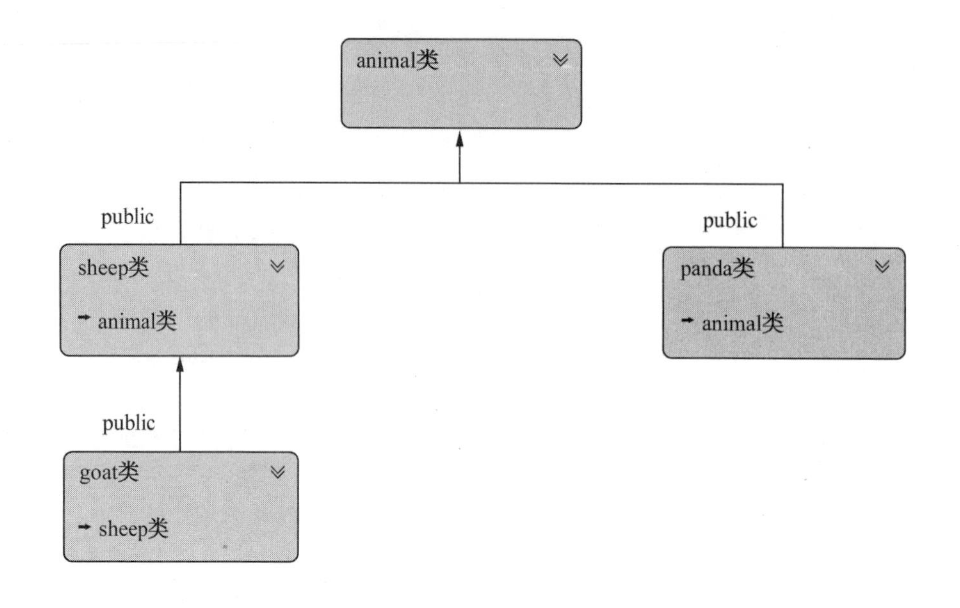

图 13.1 动物类的继承层次可视化

一般在类结构图示中，箭头都是由派生类指向基类。代码中有以下几个值得注意的地方：第一个是 sheep 类覆写了 animal 里的非 virtual 函数 call，并定义了自己的叫声输出。这种操作影响到了 sheep 的子类 goat，所以使用 goatObject 调用 call 会调用 sheep 的版本。第二个是在调用函数 invokeEat 时，这个函数声明中接受 animal * 的参数，但是实际调用时用的是 pandaObject 的地址，这其中进行了一次隐式的类型转换，即把派生类的指针转换为基类的指针，和之前 animalPtr 指向 sheepObject 的行为是一样的。C++ 语言允许将派生类的指针安全转型为基类的指针，反之则会产生错误。

上面的程序会产生如下的输出：

```
animal calls
sheep eating grass
animal eating something
animal calls
bleats～bleats～
bleats～bleats～
panda eating bamboo
goat eating leaves
```

◆**拓展阅读**：dynamic_cast 是用于在运行时改变指针或引用类型的工具。它可以安全地将基类的指针或引用转换为派生类的指针或引用。它的基本用法如下：

```
new_type * new_pointer=dynamic_cast<new_type *>(pointer);
```

pointer 的类型一般要定义有虚函数,new_type 需为 pointer 类型可访问的基类或派生类等。假设有下面的继承层次:基类 base,派生类 A 和 B 以公有方式虚继承 base,类 D 多继承 A 和 B。则下面的转换都是允许的:

```
base* basep=&dobj;
A* ap = dynamic_cast<A*>(basep);
B* bp = dynamic_cast<B*>(ap);
D* dp = dynamic_cast<D*>(basep);
```

若转换失败,dynamic_cast 返回 0,通过检查返回值可以检测转换是否成功。

第二节 虚函数的细节

一、函数指针

函数指针是一种特殊的指针,程序在运行时,每个函数在内存中都有自己的存放位置,这和普通的对象一样,因此也可以用一个指针指向这个函数。对于普通的函数,可以这样指定它的指针:

```
void bar(int x) { cout << x; }
void (*fp)(int) = bar;
```

指针的声明稍显复杂,void (*fp)(int)分为三部分:void 是指向函数的返回类型;(*fp)中的*说明 fp 是一个指针,这里的括号用来改变运算符的优先级,必不可少,否则 fp 将成为 void* 的指针;后面的(int)说明这个函数的形参列表是一个 int 类型。现在可以用 fp(1)这样的形式来调用函数指针。当然也可以使用“auto fp=bar;”这样的语句来把复杂的声明交给编译器来完成。

而对于类的成员函数,声明函数指针时必须指定类型限定符。例如,在类 A 中有一个成员函数 void foo(),则应当声明为“void (A::*fp)()=&A::foo”。

二、虚函数表

虚函数的实现依赖于一种称为虚函数表的技术。当某个类定义一个虚函数时,编译器会为这个类隐式生成一个虚函数表,表的内容是这个类可访问的所有虚函数的函数指针,可访问的虚函数包括自身定义或覆写的虚函数,以及直接从父类继承的虚函数。如果派生类全盘接受基类的所有虚函数,不做任何覆写,则它的虚函数表和基类完全相同。当它覆写一个虚函数时,就会把相应的虚函数表的这一项换成新的函数指针。

可以预见到,虚函数表对于某个类的所有对象都是相同的,因此虚函数表是由类来维护的,每生成一个对象,编译器就会向这个对象添加一个名为“_vptr”的指针,指向虚函数表的开头。因此,对于一个没有任何数据成员但有虚函数的类,执行 sizeof 运算符,得到的大小应该为 4,即一个指针的大小。虚函数表是类似于数组的线性数据结构,只需要知道开头的地址就可以依次找到类的所有虚函数指针。虚函数在带来强大功能的同时,也不可避免地带来性能的下降,因为对虚函数的调用必须查询虚函数表,再执行相应的函数。

图 13.2 展示了两个类的虚函数表是如何继承和改变的。

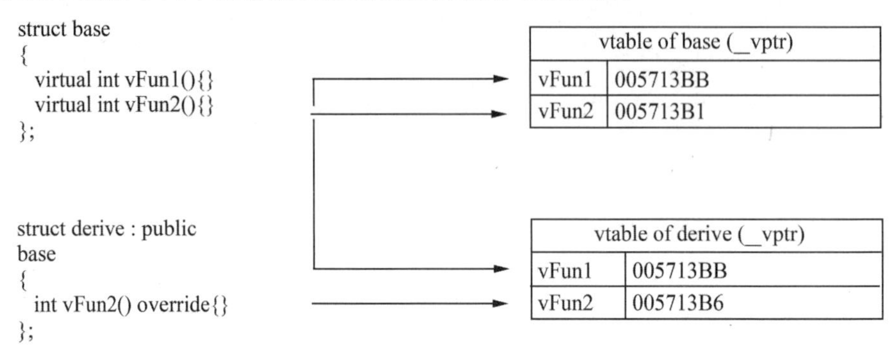

图 13.2　虚函数表示例

右侧表格第一列是函数名,第二列是函数的地址。derive 类继承了 vFun1,并覆写了 vFun2,这在两者的虚函数表的体现就是 derive 和 base 的 vFun1 都指向同一个地址,而 vFun2 则指向了一个新的地址。

三、为基类定义一个虚析构函数

多态对于编写一个类的一个影响是必须为基类提供一个 virtual 的析构函数。只有这样做,才能保证当用基类指针指向派生类对象时,这个派生类对象能正确地被析构。如果基类的析构函数是非 virtual 的,就像其他的普通成员函数一样,程序会根据指针类型调用基类的析构函数。

图 13.3 是一个派生类对象的形象化分布(实际的内存可能不是这样的)。如果基类的析构函数是非 virtual 的,而又恰好以“base * bPtr = new derive;”的方式声明一个指针,当使用 delete 释放这个指针时,产生的后果是未定义的行为(undefined behavior),通常的结果是派生类只有基类的部分被析构掉,而派生类部分就被永远遗失在内存中。所以当一个类被用作多态中的基类时,它的析构函数就该是 virtual 的。相反则不能,以节省类的对象所占用的内存。

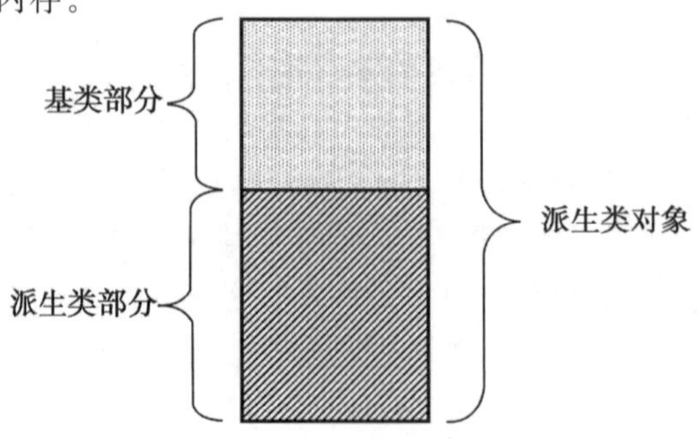

图 13.3　派生类对象的形象化分布

四、代码示例

下面的代码演示了本节的知识点：

```
#include <iostream>
using namespace std;

struct furniture
{
    virtual void place() {
        /* place a furniture somewhere */
    }
    ~furniture() {
        cout << "furniture struct deconstruct" << endl;
    }
};

struct chair: public furniture
{
    ~chair() {
        cout << "chair class deconstruct" << endl;
    }
};

struct clothes
{
    virtual void getWeight() {}
    virtual void getColor() {}
    virtual ~clothes() {}
};

struct shirt: public clothes
{
    void getColor() override {}
    void printCategory() {
        cout << "this is a shirt" << endl;
```

```
    }
};

int main()
{
    //类成员函数的函数指针
    void (shirt::* fp)() = &shirt::printCategory;
    shirt shirtObject;
    (&shirtObject->* fp)(); //通过一个对象来调用成员函数

    furniture* furPointer = new chair;
    delete furPointer;          //仅有基类 furniture 部分被销毁

    //打印四个虚函数的地址
    printf("clothes::getWeight\t%p\n", &clothes::getWeight);
    printf("clothes::getColor\t%p\n", &clothes::getColor);
    printf("shirt::getWeight\t%p\n", &shirt::getWeight);
    printf("shirt::getColor\t\t%p\n", &shirt::getColor);

    return 0;
}
```

上面的代码定义了两个类继承体系：一个是家具—椅子的体系，一个是衣服—衬衫的体系。第一个体系演示了如果析构函数不是 virtual 的，则在使用多态的特性时会产生意料之外的情形。第二个体系演示了虚函数表的特性，只有被重写的 getColor 的地址变化了，而保留的 getWeight 则没有变。这段代码会产生下面的输出：

```
this is a shirt
furniture struct deconstruct
clothes::getWeight    00CA14FB
clothes::getColor     00CA150A
shirt::getWeight      00CA14FB
shirt::getColor       00CA1519
```

◆**拓展阅读**：未定义行为是C++语言中的一组操作，C++标准对它们的行为没有任何约束，它们可以产生任意的结果。正因如此，这样的行为常常会导致非常严重的错误。但是对于多数未定义行为，编译器并不会报错，甚至运行起来也可以得到看似理想的结果。如果对C++语言不够熟悉，就非常容易陷入未定义行为的陷阱。刚才讲到的多态中的基类定义了非 virtual 的析构函数是未定义行为，除此之外，常见的未定义行为还有如下几种：

(1)数组越界访问：定义一个数组 int a[3]，这个数组只有 3 个 int 大小，如果访问 a[3]就是未定义的。

(2)整数溢出：一般地，32 位有符号整数的表示范围是 $-2^{31} \sim 2^{31}-1$，如果将两个 2^{30} 的整数相加，赋给一个整数，则是未定义的。

(3)解引用一个空的指针：例如，声明一个指针“int * p=nullptr;”，然后解引用“int x = * p;”，这是未定义行为。

(4)如果两个指针不是指向同一个对象或者同一个数组中的对象，则比较这两个指针是未定义行为。

第三节　纯虚函数和抽象类

一、纯虚函数

设计一个类时，如果对于一个虚函数，编写这个函数的内容是没有意义的，也就是说，这个虚函数存在的意义就是为了给继承类一个实现的接口，这时可以把这个虚函数定义为纯虚函数。纯虚函数不必书写任何函数体，可像下面的形式一样声明一个纯虚函数：

```
virtual return-type method-name (args...)=0;
```

“= 0”添加在参数列表后面，说明这是个纯虚函数，这个说明只能用在虚函数后面。纯虚函数可以不添加函数体，但是也可以有函数体。

二、抽象类

定义了纯虚函数的类是一个抽象类(abstract class)，是和具体类(concrete class)相对的。在C++语言中不可以声明一个抽象类的对象，但是可以声明抽象类的指针和引用。声明抽象类的指针和引用有助于实行多态的操作。抽象类往往起到接口的作用，C++语言中没有严格的接口的语法级元素，这里所谓的接口指的是成员函数的声明。

抽象类里面必定至少有一个纯虚函数，但是不一定所有的虚成员函数都是纯虚的。其他的虚成员函数可以定义自己的函数体，对于这些函数，派生类在继承时可以选择不单独实现自己的版本而直接继承。但是如果纯虚函数没有定义自己的版本，那么这个派生类也会是一个抽象类，直到继承层次里有一个实现了所有纯虚函数。还有另外一种可能是，基类是定义了虚函数的具体类，但是派生类继承了这个类，然后将某个虚函数定义为纯虚的，则这个派生类变为纯虚类。

从类的设计角度来讲，类本身是对事物和数据的抽象，而抽象类则在这基础上表示了一个更加一般化的抽象基础。例如，我们定义一个教科书的基类 textbook，根据这个基类派生出所有科目的教科书如 mathBook、physicsBook、chemistryBook 等。定义一个 textbook 的对象是没有任何意义的，因为不存在一本没有任何科目属性的教科书。而且像返回对象的科目的方法 getSubject 等也会变得无法满足定义而显得尴尬，所以将这些方法定义为纯虚的，交给子类来根据自身情况来实现。但是像返回书籍的作者的 getAuthor 这样的方法是任何教科书都通用的，因此可以在 textbook 里定义，子类可以直接复用这部分代码而不必再定义自己的版本。

如果想要将一个类定义为抽象类，而又没有合适的函数定义为纯虚函数，可以将虚构函数定义为纯虚的，但是要注意在“=0”符号后面，或者在类外添加析构函数的函数体，否则会发生链接错误。

三、代码示例

```
#include <iostream>
using namespace std;

struct fruit
{
    enum class taste {
        sweet,
        sour
    };
    virtual string getCategory() const = 0;
    virtual taste getTaste() const = 0;
    virtual ~fruit() = 0 {}
};
struct sweetFruit: fruit
{
    // sweetFruit 重写了 getTaste，没有重写 getCategory
    //它依然是一个抽象类
    taste getTaste() const override
    {
        return taste::sweet;
    }
};
struct apple: sweetFruit
{
    string getCategory() const override
```

```
    {
        return "apple";
    }
};
struct watermelon: sweetFruit
{
    string getCategory() const override
    {
        return "watermelon";
    }
};
struct sourFruit: fruit
{
    taste getTaste() const override
    {
        return taste::sour;
    }
};
struct orange: sourFruit
{
    string getCategory() const override
    {
        return "orange";
    }
};

int main()
{
    orange Orange;
    fruit& fruitInf = Orange;
    cout << fruitInf.getCategory() << endl;

    fruit* fruitPtr = new apple;
    cout << fruitPtr->getCategory() << endl;
    sweetFruit* sweetPtr = new watermelon;
    fruit::taste melonTaste = sweetPtr->getTaste();
```

```
    cout << (melonTaste == fruit::taste::sweet ? "sweet" : "sour") <<
endl;

    // fruit f; //不能构建一个抽象类对象
    // fruit * fp = new sweetFruit; //不能构建一个抽象类对象

    delete fruitPtr;
    delete sweetPtr;
    return 0;
}
```

上面的代码可形成如图 13.4 所示的继承层次，所有类的共同基类是 fruit，表示水果的抽象概念。fruit 里内嵌一个 enum class，这是一种特殊的枚举类，类里的元素为枚举类型。这里的枚举共有两种，表示甜和酸两种口味。sweetFruit 和 sourFruit 直接继承 fruit，将 fruit 具体分类为甜味水果和酸味水果。这里两个派生类都只重写了 getTaste 类，getCategory 是直接继承来的，所以它们两个也是抽象类。下面是三个水果的具体类，它们都定义了返回自己种类的字符串的 getCategory 函数。注意：虽然基类 fruit 的析构函数定义为了纯虚类型，但是派生类也无须像其他纯虚函数一样必须显式地重写这个函数，因为编译器会默认帮我们完成这项工作。使用 new 来产生一个 sweetFruit 类的指针也是不允许的，因为 new 会自动调用构造函数来构造一个 sweetFruit 类的对象。

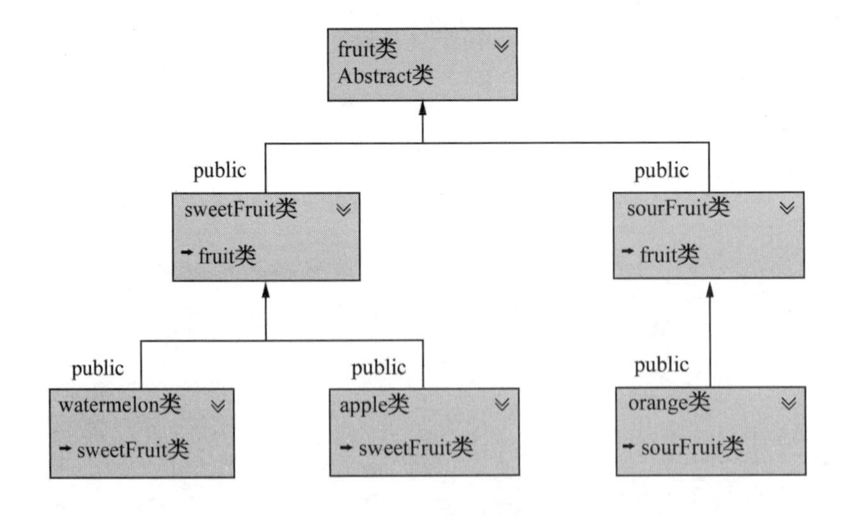

图 13.4　类继承体系示意图

这段代码会产生下面的输出：

```
orange
apple
sweet
```

◆**拓展阅读**:枚举和枚举类。enum 是 enumeration 的缩写,是C++语言从 C 语言中继承来的语言特性,主要用来表示一些离散值的集合。相较于用整数来表示一些类别,enum 的可读性更强。例如,想要表示东、南、西、北四个方向,有如下两种方式:

```
/* 1 for east, 2 for south, 3 for west, 4 for north */
int intDirection = 2; // intDirection 表示南方
enum direction {
    east = 1,
    south,
    west,
    north,
};
direction enumDirection = east;
```

很明显,后面一种方式更加明确而且不容易出错。但是这种方式还存在一个问题,就是在 enum direction 内部定义的名称在外部也是可见的。例如上面,不必使用 direction::east 这样的限定就可以直接得到 east 的名称。于是C++ 语言增加了 enum class,它和 enum 的区别就是 enum class 里的名称对外是不可见的,enum class 内的元素不存在和 int 的隐式转换。对于上面的 enum,你可以用"int dir=east;"这样的转换,但是对于 enum class 则不行。用 enum class 重写上面的代码应当是下面这样:

```
enum class direction
{
    east = 1,
    south,
    west,
    north,
};
direction enumDirection = direction::east;
```

习题十三

1. 有一个函数的原型是“int * fun(int *, double);”,如果想要将这个函数的地址赋给函数指针 fp,则 fp 的声明方式应为(　　)。

A. auto fp = fun;　　　　B. int * fp = fun;

C. int * (* fp)(int *, double) = fun;　　　　D. int * * fp(int *, double) = fun

2. 考虑设计一个表示所有数的多态体系,实现数据类型包括整数(whole)、有理数(rational)、实数(real)、虚数(imaginary)、复数(complex)和数字(number),每个类型都支持加法、乘法两种操作。请你设计这个体系,包括类成员设置、抽象类等层次安排,用画图的方式总结这个设计。

3. 请你通过查阅资料和动手实验,回答如果在类的构造函数和析构函数中调用虚函数会发生什么,以及为什么会出现这样的结果。

4. 定义一个基类 Shape,并从其中派生出不同的形状如 Circle、Rectangle、Square、Triangle 等类。具体要求如下:每个类都由合适的数据成员描述形状的位置和大小,例如 Circle 需要保存一个圆心坐标(x, y)和一个半径 redius。设计一个成员函数计算形状的面积。设计一个非成员函数判断任意两个形状是否有交叠部分,它的内部不做任何几何计算的工作,只负责调用正确版本的成员函数。它的原型如下:

```
bool intersect(Shape * const shape1, Shape * const shape2);
```

它可以用 dynamic_cast 实现。如果用这个方法实现不够简洁优雅,可考虑了解“visitor”模式和“double dispatch”方法。

如果感觉交叠算法实现困难,可以暂时以输出提示文字代替。

第十四章　输入输出流

C++语言为了在不同的设备和操作系统提供一套统一的高级的输入和输出的抽象接口，设计了复杂的类继承层次。利用输入输出流和缓冲机制，C++语言实现了现代的高效的输入输出机制。

第一节我们将介绍基本的 iostream 和格式化输入和输出的技术。利用它们可以读取和写入复杂的带格式的信息。

第二节我们将介绍在文件中进行输入和输出的技术，定义在 fstream 中的三个文件流提供了方便的接口，可以实现在文件中的随机读写。

第三节我们将介绍C++语言特色的字符串流的技术，你可以将一个流对象绑定到一个字符串上，可以体会到C++语言为所有流提供了高度抽象的统一接口。

第一节　初识输入和输出

一、输入和输出的类层次

输出，即把内存中的对象转换为字节序列并输出到屏幕或文件等设施中。输入则是相反的过程。C++语言为了在不同的设备、不同的操作系统都能正常地输入、输出，定义了复杂的类继承层次，它们的图示如图 14.1 所示。

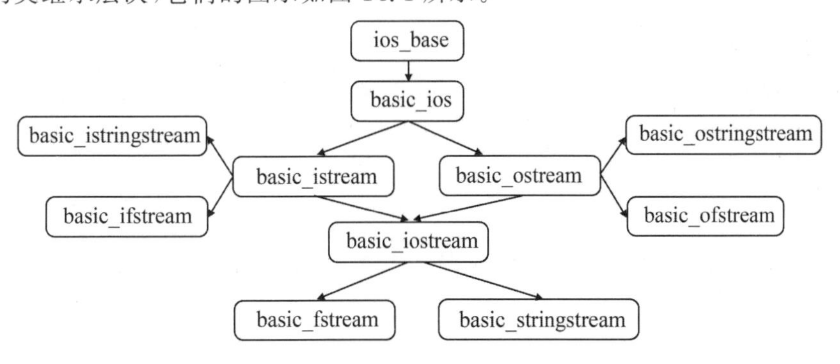

图 14.1　输入和输出的类继承层次

图中除了 ios_base 这个基类之外，其他类都是模板类，名字中都带有 basic 一词。我们常用的 istream 和 ostream 分别是 basic 类的模板的一个特例化。第十六章我们将学习更多的模板的知识。这里仅仅知道把这些类定义成模板是为了提供多种不同的字符类型即可，例如 char 和 wchar_t 这些提供了统一的接口。我们已经知道的 cout 是 ostream 的一个对象，而 cin 是 istream 的一个对象。C++语言通过它们来处理标准输入和输出。另外，还有类似的 cerr 用来输出错误信息。所有的流类型都是不允许拷贝的，所以将流对象作为函数参数时需要以引用的方式传递。

iostream 使用多继承同时继承 istream 和 ostream，后两者负责主要的输入和输出的工作，并提供了高层次的接口。每个 basic stream 都派生出一个 fstream 和 stringstream，它们分别用于向字符串流和文件流进行输入和输出。我们将在第二节和第三节学习它们。

C++语言提供了现代的、基于流的输入和输出方法，这种方法的方便之处就在于可以像使用内置类型一样对自定义类型进行输入和输出，所做的额外工作不过是重载输入运算符(>>)和输出运算符(<<)。同时，C++语言也支持 C 语言式的输入和输出。

二、输入输出流的状态

在实际的输入和输出中，由于用户的不可预料，可能会出现不同类型的错误。C++语言通过一个定义在 ios 头文件中的 iostate 类的几个常量来描述当前流的状态。一般 iostate 有表 14.1 中所列的四个状态。

表 14.1 iostate 的状态

goodbit	流正常无错误	good()
badbit	流出现了不可恢复的错误	fail(), bad()
failbit	流输入和输出失败	fail()
eofbit	流已经到达了文件末尾	eof()

后面三种状态出现时，流对象就不能再继续工作了。一般不直接检测这四个标志，ios_base 提供了函数进行检测，它们在这些为有效的时候返回 true。下面是它们的使用方法：

```
#include <iostream>
using namespace std;

int main()
{
    cout << boolalpha;          //输出 bool 变量时，输出 true/false，而不是 1/0

    int x;
    cin >> x;
```

```
    cout << "good()\tfail()\teof()\tbad()" << endl;
    cout << cin.good() << '\t';
    cout << cin.fail() << '\t';
    cout << cin.eof() << '\t';
    cout << cin.bad() << endl;
}
```

运行这个程序，分别输入1、a和ctrl+z，它们分别对应正常的输入、错误的输入和文件结尾三种输入情形。观察四个函数的输出，可以看到以下四种情况的表现：

```
good()      fail()      eof()       bad()
true        false       false       false       //输入 1
false       true        false       false       //输入 a
false       true        true        false       //输入 ctrl+z
```

输入1的时候程序读取正常，所以good返回true，其他三个异常位都是false。输入a时，输入流无法将一个字符类型读到int里面，所以fail返回true。输入ctrl+z时，在Windows系统中，这个组合表示文件末尾，即一个eof标识符，所以输入流通过置位eof标志来告知使用者这个消息。总之，只要读取失败，good就会返回false，而fail就会返回true。bad返回ture时一般都是在发生了比较严重的错误之后。

一个ios_base的对象包括cout和cin，都可以作为条件判断的条件。例如下面这种连续读取不定个输入的方式：

```
int x;
while (cin >> x)
{
    /* do something with x */
}
cin >> x;
```

在输入足够的数值后，可以一个eof标志或者一个字母来结束输入。能够把cin >>x作为while的判断条件的基础是>>运算符在完成输入后会返回cin的引用。这个条件实际上是判断cin的状态。而cin只有在取得正常输入或者正常读到一个意料之中的eof后才是true，所以在输入一个不合法的值后，while会结束循环。但是这个程序有个比较麻烦的地方在于结束while后，由于现在cin处于不正常的状态，所以循环后面的cin >> x会被直接忽略掉。因为一个错误状态的cin不能进行任何读入。解决这个问题的办法是只需要在cin发生错误之后插入一个cin.clear()语句，clear方法会将一个流对象的所有错误标志位恢复，并保持在good状态。

必要的情况下，也可以使用setstate方法来手动设置一个或多个流对象的错误标志位。例如，下面的语句将cin置于fail状态：

```
cin.setstate(ios_base::failbit)
```

三、流的格式化输入和输出

如同C语言中printf中的格式化字符串一样，C++语言也为流输入和输出提供了丰富的格式控制的方式。在ios头文件中，定义了18种格式控制的标志位，比较常用的如表14.2所示。

表14.2　格式化输入和输出标志

dec	整数使用十进制输出
oct	整数使用八进制输出
hex	整数使用十六进制输出
left	输出向左对齐，右边填充字符
right	输出向右对齐，左边填充字符
internal	输出两侧对齐，中间指定位置填充字符
scientific	用科学记数法输出浮点类型数
boolalpha	输出bool时，使用true/false代替1/0
showbase	输出整数时数字开头显示进制
uppercase	输出时使用大写字母代替小写字母

使用这些标志位最简单的方法是使用<<运算符。例如，想要输出数字的十六进制，可以采用下面的语句：

```
cout << hex << showbase << 255 << endl;
```

这样程序会输出0xff。另一种方法是使用setf函数。例如，要显示数字的十六进制格式，可以采用下面的语句：

```
cout.setf(ios_base::hex, ios_base::basefield);
```

第二个参数必不可少，它指定前一个参数是用来改变数字进制的。

除了setf还有几个实用的set函数可以用来操纵流的格式，下面是对它们的简要介绍。

setw用来规定流的最小宽度，大于这个宽度的按原样输入和输出，小于的会自动填充空白，用setfill指定填充的字符。例如，下面的语句会输出* *123这样的一行。

```
cout << setw(5) << setfill('*') << 123 << endl;
```

setprecision用来指定浮点数的小数点位数，多余的位按照四舍五入取舍。标识符scientific指定浮点数使用科学记数法，而fixed指定使用十进制。例如：

```
float a = 0.12345678;
cout << setprecision(5) << fixed << a << '\t' << scientific << a;
```

这样程序输出的两个数字分别是0.12346、1.23457e－01。

第二节　文件的输入和输出

一、fstream 简介

如图14.1所示，用于文件输入和输出的流主要有ifstream、ofstream和fstream。它们的使用和上一节介绍的iostream大致相同，只不过它们的输入和输出不是以屏幕的控制台为目标，而是内存或磁盘中的一个文件。

通常以ifstream的类型打开一个需要读取的文件流，ofstream打开一个需要写入的文件流。ifstream只支持输入运算符(>>)，而ofstream只支持输出运算符(<<)，fstream支持以上两种。

初始化一个文件流需要一个const char *的C语言风格字符串类型或std::string的文件名，可以是绝对路径，也可以是相对路径。第二个参数是一个文件打开模式，类似于C语言中open的模式字符。下面是几种初始化文件流的方式：

```
ifstream ifs("test.txt");
ifstream ifs("test.txt", fstream::ate);
ifstream ifs("test.txt", fstream::binary);

ofstream ofs("test.txt");
ofstream ofs("test.txt", fstream::trunc);
ofstream ofs("test.txt", fstream::app);
ofstream ofs("test.txt", fstream::binary | fstream::app);

fstream fs("test.txt", fstream::in | fstream::out);
```

ifstream默认的打开模式是in，ofstream默认为out。ate模式表示打开后立即寻位到流结尾。binary表示以二进制方式打开。trunc表示截断文件，app表示输出添加到流的结尾。这两种模式只能为ofstream指定。如果有多个标志位需要设置，可以用位或符号|将它们组合。fstream可以同时支持输入和输出。

一般以out模式打开文件会直接删除文件中已有的所有内容，如果不希望这样，可以以app模式打开写入的文件。使用文件的输出需要时刻铭记的一个事实是C++语言管理输入和输出是存在缓冲机制的。为了减少向系统内核发出的输入和输出请求，C++语言会将一部分的输入和输出作为缓冲先存储在内存中，等待合适的时机再一次性向文件写入。忽略这个事实会导致意料之外的后果。例如,正在使用一个传感器进行实时采集信息的程序,它将每次采集的数据直接输出到数据文件中。当程序在第10秒意外崩溃时,你可能会以为文件中已经有前10秒的数据了。但事实往往并非如此,可能还有大量的数据存储在缓冲区,这些数据因为程序崩溃而永远丢失了。为了避免这种问题,可以使用 std::flush 标识符。例如:

```
datafile << data << flush;
```

flush 使得缓冲区立即刷新,将数据写入流中。太频繁的刷新也会导致程序运行缓慢。在实际运用中,需要根据需求进行权衡。

二、流的随机访问

C++语言也提供了类似于C语言的 seek、tell 这样的文件随机访问操作函数。这些操作也可以应用于 iostream 和 stringstream 中。

seekg 是用于输入版本的寻找位置的函数,它有两个重载:第一个接受一个整数,表示寻址的绝对位置,单位是字符。第二个接受两个参数:第一个是一个整数,表示偏移量;第二个是一个常量,表示偏移开始的位置。位置有三个选项:beg 表示流的开始,end 表示流的结尾,cur 表示当前位置。下面是使用 seekg 的一个例子。假设现在文件 test.txt 里面有内容"this is a test file"。

```
ifstream ifs("test.txt");
string s;
ifs >> s;                          // s是"this"
ifs.seekg(0);
ifs >> s;                          // s是"this"
ifs.seekg(-4, ios_base::end);
ifs >> s;                          // s是"file"
```

第一个 seekg 表示绝对位置,将指针定位到文件开头;第二个是相对寻址,将指针定位到距离结尾四个字符的位置。

获取当前输入流位置的函数是 tellg,它没有参数,返回当前输入的位置距离开头的字符数。下面是使用 tellg 的一个例子。假设文件 test.txt 里面的内容是"a fat cat"。

```
ifstream ifs("test.txt");
string s;
ifs >> s;                          // s是"a"
cout << ifs.tellg() << endl;
ifs >> s;                          // s是"fat"
```

```
cout << ifs.tellg() << endl;
ifs >> s;                              // s是"cat"
cout << ifs.tellg() << endl;
```

对于这个程序,会依次输出 1、5、-1。读入最后一个单词后,ifs 遇到了文件结束符 eof,因此 ifs 的状态变成不合法的 eof 状态,对于 tellg 返回-1。

seekg 和 tellg 中 g 的含义是 get,意思是设置或获取 get 指针的位置。与之相对的是用于输出的版本 seekp 和 tellp,此处的 p 是 put。

三、无格式的输入和输出

C++语言定义了一些用于无格式的输入和输出工具。有一些是承袭自 C 语言的,有一些是C++语言特有的。

get 和 peek 都是用在输入流的方法,它们都返回输入流的下一个字符。不同的是,get 会向下移动一个字符,而 peek 仅仅读取一个字符,流的位置还是在原地。unget 方法是 get 的撤销,它使流退回到一个字符前的位置。putback 方法也是让流回退一个字符,但是 putback 接受一个字符作为参数,putback 回退一个位置并使用参数的字符取代下一个位置的字符。

图 14.2 是对这四个函数的演示,文件中有一行文字"Hello world",最后的 $ 代表 eof。unget 和 putback 的区别显而易见。

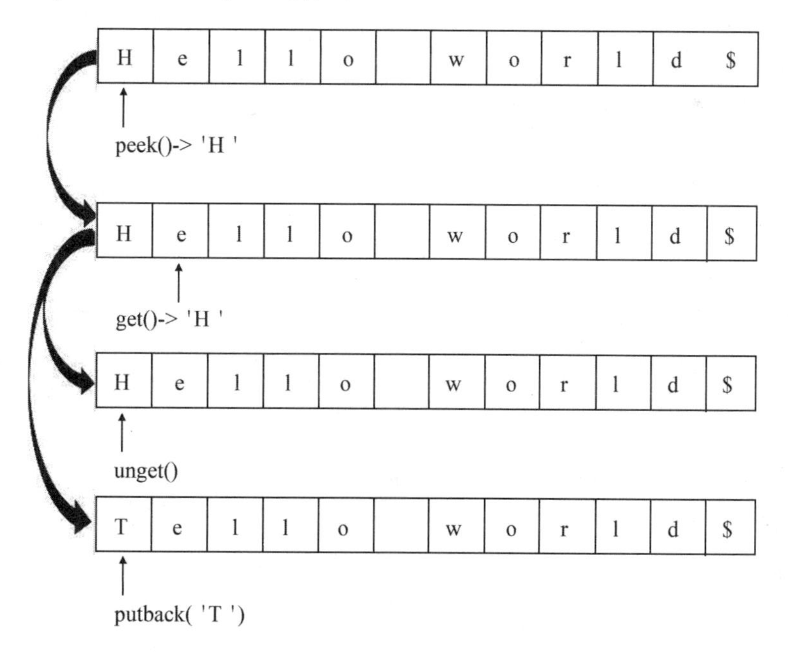

图 14.2　无格式读取的示意图

getline 方法用于读取一行的输入,它的第一个参数是一个字符串指针,第二个是整型的参数 count,大于这个数字后读取终止。另一个重载版本接受第三个参数 char 类型的 delim，遇到 delim 时会把这个字符读出来但会直接丢弃，然后读取中止。

ignore 方法接受两个参数：第一个指定最多忽略的字符数；第二个指定遇到某个字符后终止，这个字符会被丢弃。read 方法接受两个参数：第一个指定存储读取字符的指针，第二个指定读取的字符数。read 读取这个长度的字符。

用于无格式输出的方法只有两个——put 和 write：前者接受一个 char 类型的字符，将它插入到输出流中；后者有两个参数：第一个是准备写入的字符串指针，第二个是要写入的字符数。

四、代码示例

下面的代码演示了文件流输入和输出的基本用法：

```
#include <iostream>
#include <iomanip>
#include <fstream>
using namespace std;

int main()
{
    ofstream ofs("test.txt");
    ofs << "Shall I compare thee to a spring's day" << flush;
    //将一行文本写入文件，并立即刷新缓冲区
    size_t len=ofs.tellp();             // len 是文本的长度
    ofs.seekp(len-12);                  //回退到 spring 的开头
    ofs.write("summer", 6);             //用 summer 代替 spring
    ofs.close();

    ifstream ifs("test.txt");
    char c=ifs.get();                   //现在光标指向'h'
    cout << c << endl;                  // S
    ifs.putback('W');
    //现在光标指向'W'，并且开头单词变成"Whall"
    string s;
    ifs >> s;
    cout << s;                          // Whall
    char * text = new char[len + 1];
    ifs.getline(text, len + 1);         //文本读到 text 中
    cout << text << endl;               //输出文本
    delete[] text;
```

```
    ifs.seekg(0);                          //回退到开头
    ifs.ignore(len, 'c');                  //不断读取并丢弃字符,直到遇到'c'
    ifs.unget();                           //回退一个字符,现在指向'c'
    ifs >> s;
    cout << s << endl;                     // 比较
    ifs.close();
    return 0;
}
```

◆**拓展阅读**:“一切皆文件”是 Unix 系统一个重要的思想。它是指在 Unix 系统下,无论是磁盘的文件、套接字、打印机等外围设备,它们都可以使用 open/close/read/write 等一套相同的 API(应用程序接口)来操纵。这个思想因为它的易用性和简洁性,成为了 Unix 和后来的 Linux 系统的设计原则之一。

第三节　字符串流

一、stringstream 介绍

字符串流和其他的输入输出流一样,只不过它是绑定在一个 string 字符串上的。字符串流主要提供从字符串中格式化输入或向字符串中格式化输出的功能。

字符串流定义在头文件 sstream 中,istringstream 和 ostringstream 分别用于从字符串中读取和向字符串中输出。stringstream 可以同时执行两种任务。例如:

```
string s("test string");
istringstream iss(s);
ostringstream oss(s, ostringstream::app);
string gs;
iss >> gs;
cout << gs << endl;

oss << 1234;
cout << oss.str() << endl;
```

这段代码会输出 test 和 test string1234。由此可见这几种输入输出流之间的统一性。stringstream 有一个方法 str,参数为空时会返回目前流中全部的字符串;不为空时接受一个字符串为参数,这时会把流中的字符串重置为参数的字符串。

二、使用字符串流

istringstream 在处理空格分隔的语句时非常有用。例如有一个字符串“word1 word2 word3 word4”,使用它初始化一个字符串流,然后使用输入运算符(>>)就可以轻松地对每个单词进行处理。

ostringstream 的用处有点像 C 语言中的 sprintf,你可以将一些格式化的信息输出到字符串中。例如:

```
ostringstream oss;
double x = 0.12345678;
oss << setprecision(4) << scientific << x;
cout << oss.str() << endl;
```

这样就得到了浮点数 x 的格式化字符串“1.2346e−01”。如果不用这种方式,这种工作会非常麻烦,这个留给读者自己尝试完成。

三、流迭代器

第十章已经介绍过一些用于容器的迭代器。在头文件 iterator 中还定义了两个可以用于输入和输出的迭代器,即 istream_iterator 和 ostream_iterator。这两种迭代器也是模板类型。它们的设计使得输入输出流也可以使用 STL 中的泛型算法库。

istream_iterator 是绑定在输入流的迭代器,例如下面的用法:

```
istringstream iss("6 5 4 3 2 1");
int sum=accumulate(istream_iterator<int>(iss),
  istream_iterator<int>(), 0);
```

accumulate 是 numeric 库中的一个函数,接受两个迭代器的范围,以第三个参数为起点开始累加,返回范围内元素的累加和。istream_iterator〈int〉(iss)返回一个绑定在 iss 上的迭代器,第二个参数相当于容器中的 end 迭代器。

ostream_iterator 是绑定在输出流的迭代器,它的使用方法如下:

```
vector<int> v{ 1, 2, 3, 4 };
copy(v.begin(), v.end(), ostream_iterator<int>(cout, " "));
```

ostream_iterator 可以有两个参数:第一个绑定到一个输出流对象上;第二个是分隔符,即每个输出单位之间的字符。对于上面的程序,输出为“1 2 3 4”。copy 函数将第一和第二个参数的迭代器指定范围复制到以第三个参数的迭代器开头的内存中。

四、C 语言风格的输入和输出

C 语言提供了在 cstdio 中定义的 printf/fprintf/sprintf 等一系列输入和输出函数。由于历史原因,有时候程序员不得不在C++语言程序中使用这些 C 语言风格的输入和输出。这其中存在的一个问题是C++语言的 ios_base 和 C 语言的 stdio 分别维护不同的缓冲区，如果直接混用两种机制，就会产生意外的后果。例如：

```
cout << 1;
printf("%d", 2);
cout << 3;
```

这段程序有可能不会打印出预料的 123 的输出，而是 213 或者 132 这样的输出。因为 printf 打印 2 的时候可能 cout 打印的 1 还存储在缓冲区中，反之亦然。为了避免这种情况，ios_base 提供了一个函数：

```
static bool sync_with_stdio( bool sync = true );
```

如果参数是 true，它会让两种输入和输出共享同一个缓冲区；如果参数是 false，就会解除这种联系。

相比于流的输入和输出，C 语言风格的输入和输出在类型检测上不够安全。实际上，printf 根本不进行类型检测，例如 printf("%s", 3)这样的语句也可以编译。

习题十四

1. 不借助库函数，编写一个函数，函数的原型是：

```
int myAtoi(const char * str);
```

这个函数接受一个 C 语言风格的内容是数字的字符串，并返回这个字符串中开头的整数，如果转换失败返回 0。函数忽略开头的空格或回车等空白字符，以及数字结束后的所有字符。例如输入"102abc"，返回 102，而输入"aa123"则转换失败返回 0。如果输入的是负数的字符串，你的函数可以处理吗？如果输入的数字的大小溢出了 int 的范围，你的函数可以处理吗？

2. CSV(comma separated values)文件是一种逗号分隔值文件，被广泛应用在数据科学中。一个含有 36 个数据的 CSV 文件如图 14.3 所示。

```
10,11,12,13,14,15
16,17,18,19,20,21
22,23,24,25,26,27
28,29,30,31,32,33
34,35,36,37,38,30
40,41,42,43,44,45
```

图 14.3　CSV 文件示例

请写一段程序，要求如下：程序第一步生成一个 vector〈vector〈int〉〉的数值矩阵，内容如图 14.3 所示；第二步将它写入一个名为 matrix.csv 的文件中；第三步利用 ifstream 再将这个 CSV 文件的内容解析为数值矩阵；第四步将矩阵打印在控制台中。将这几个功能分解为单元封装在函数中完成，而不是全部在 main 函数中完成。

3. 现在有一个 vector〈int〉，内容是{ 1, 2, 3, 4, 5 }，根据现在学到的知识，你可以有几种方式把这个 vector 的内容输出到控制台中？要求输出时每个整数之间插入一个空格。

4. 设计一个类，只使用 C 语言的〈stdio.h〉的功能实现一个 myCout 类，要求它至少具有以下几个功能：

(1)一个默认不带参数的构造函数。

(2)一个函数 out，可以使用重载技术，打印 int、const char *、float、double、char 和 bool 六种类型。

(3)一个函数 setprecision，接受一个整型的参数，表示打印浮点数时保留的小数位。默认保留 5 位。

(4)一个函数 boolalpha，不带参数，调用一次后，这个对象打印的 bool 值对于真值打印“true”，否则打印“false”，默认情况下对这两者分别打印 1 和 0。

(5)三个函数 dec、oct 和 hex，不带参数，调用它们中的一个就在打印整数时使用相应的进制。默认情况下是十进制。

(6)一个函数 getCount，不带参数，返回上一次打印时字符的个数。例如，上一次打印的是“12.345”，则返回 6。

下面是它的一个运用示例：

```
myCout cot;
cot.out(1.234567);                    //输出 1.23457
cot.out("\n");                        //换行
cot.setprecision(1);                  //保留一位小数
cot.out(1.23345);                     //输出 1.2
cot.out('\n');                        //输出一个字符
int n = cot.getCount();               // n = 1
cot.hex();                            //十六进制输出整数
cot.boolalpha();                      // bool 转换为单词输出
cot.out((bool)true);                  //输出 true
cot.out("\n");                        //换行
cot.out(255);                         //输出 ff
```

第十五章　运算符重载

由于在C++语言中可以将运算符看成特殊的函数，因此也可以通过类似于函数重载的运算符重载的方式定制需要的运算符操作。但是不同于普通的函数重载，运算符重载有着特殊的限制和规则。

第一节介绍一些运算符重载的基本概念和规则，使读者了解运算符重载对于常规编程的意义。运算符重载为一些操作提供了更加自然的接口，不需要额外的查询和记忆即可直接使用。

第二节介绍各种运算符的重载方法，包括它们重载时接受的参数的类型和数量，以及它们应该返回什么样的类型。

第一节　运算符重载的概念

一、运算符重载的意义

类似于函数重载可以为同样名称的函数赋予不同的操作，C++语言也允许为同一个运算符赋予不同的参数和操作，也可以完成一些本来不存在的操作。例如，我们想要定制两个 vector 的相加操作，返回一个 vector，它的元素是两个输入的 vector 对应元素的和。vector 本身没有定义加法操作，但有两种方式可以实现这个目的。第一种是定义一个普通的函数，例如：

```
vector<int> vectorPlus(const vector<int>& a, const vector<int>& b)
{
    //如果二者长度不同，返回一个空的 vector
    if (a.size() != b.size())
       return vector<int>();
    vector<int> result(a.begin(), a.end());
```

```
    for (int i = 0; i < a.size(); ++i) {
        result[i] += b[i];
    }
    return result;
}
```

本节要介绍的是另一种更加自然的方式，即运算符重载。

二、运算符重载的方式

运算符重载的函数名是单词 operator 和需要重载的运算符。例如要重载+，则函数名为 operator+，如下所示：

```
vector<int> operator+(const vector<int>& a, const vector<int>& b)
{
    if (a.size() != b.size())
        return vector<int>();
    vector<int> result(a.begin(), a.end());
    for (int i = 0; i < a.size(); ++i) {
        result[i] += b[i];
    }
    return result;
}
```

第二种方式除了函数名和第一种不同之外，其他的部分完全一样。现在就可以用"auto c=a + b;"这样的方式来让 a 和 b 两个 vector〈int〉相加。这样的运算符是一种特殊的函数的另一个证据是可以用"auto c=operator+(a, b)"方式调用上面的运算符重载，就像使用一般的函数一样。一般来讲，运算符重载有如下几个规则，这些规则有些是强制的，有些是约定俗成的。如果没有特殊的理由，也不要违反这些规则。

(1)只能重载已经存在的运算符，不可以创造C++语言中不存在的运算符，例如￥这样的符号[从C++11 开始允许通过" "+后缀的方式创造 user-defined literal(用户定义字面量)]，或组合一些例如 * %这样的符号。具体来讲，有 38 种(C++ 20 实验标准添加了一种〈=〉运算符)运算符可以被重载，如表 15.1 所示。

表 15.1　能重载的运算符

~	!	++	--	,	->
/	%	^	=	<	>
+=	-=	*=	/=	%=	^=
&=	|=	<<	>>	<<=	>>=

续表

==	!=	<=	>=	&&	||
+	-	*	&	->*	,
()	[]	〈=〉(C++20)	new/new[]	delete/delete[]	

表15.1中，背景为灰色部分的运算符既可以作为单目运算符，也可以作为双目运算符，它们的重载根据参数的不同而不同。例如 & 符号，如果只有一个参数则是取地址函数，有两个则是按位与函数。有几种特殊运算符不能重载，包括作用域符号(::)、成员选择符(.)、通过成员指针选择成员(.*)、三目运算符(?:)，以及 sizeof 和 typeid 等。这些函数往往不是以值而是以名字为参数，因此重载会很难定义它们的行为。

(2)重载运算符至少要有一个参数是类类型，而不能都是内置类型，内置类型之间的操作是不允许的。例如，可以定义上面使 vector 相加的重载加号，但是下面的声明是错误的：

```
int operator+(int a, int b)
```

(3)运算符重载后的操作数个数、优先级和结合性不变。

(4)下面几个运算符不适合重载：逗号运算符(,)、逻辑或运算符(||)、逻辑与运算符(&&)。这些符号虽然允许重载，但是重载后的行为可能会和C++语言默认的同样的符号的求值顺序不同，而且逻辑运算符的短路特性不会保留。这种情况可能会在特定情况下由习惯默认情况的程序员使用错误而导致比较严重的后果。

(5)重载的运算符应该和默认的运算符做的事情一致。例如上面的代码，如果返回的 vector 的元素是输入的两个 vector 的元素之差，程序也可以编译运行，但这会让使用这个接口的程序员产生困惑，而且完全没有意义。所以自定义的操作应该合乎C++语言默认的操作形式。

(6)重载流输入和输出的>> 和<<符号最好返回输入的 iostream 的引用，以便写成"os << a << b;"的形式。"operator="重载为类成员函数时最好返回 *this，原因同上。

(7)重载运算符也可以作为类的成员函数，但赋值运算符(=)、下标运算符([])、调用运算符(())和指针运算符(->) 只能定义为非静态的，这样做是为了确保它们的第一个参数是左值。

三、代码示例

下面的代码演示了一些基本的运算符重载的情况：

```
#include <iostream>
#include <vector>
#include <algorithm>
using namespace std;

//重载两个 vector<int>相减，返回对应元素的差
vector<int> operator-(const vector<int>& a, const vector<int>& b)
```

```
{
    if (a.size() != b.size())
        return vector<int>();
    vector<int> result(a.begin(), a.end());
    for (int i = 0; i < a.size(); ++i) {
        result[i] -= b[i];
    }
    return result;
}

//重载一个 vector<int>减去一个整数
vector<int> operator-(const vector<int>& v, const int b)
{
    auto result = v;
    for (auto& x: result)
        x -= b;
    return result;
}

//重载一个对 vector<int>中的每个元素取负的符号"-"
vector<int> operator-(const vector<int> v)
{
    auto result = v;
    for_each(result.begin(), result.end(), [](int& x) {
        x = -x;
        });
    return result;
}

//重载流输出符
ostream& operator <<(ostream& os, vector<int> v)
{
    for (auto x: v)
        os << x << '\t';
    os << endl;
    return os;
}
```

```
int main()
{
    vector<int> v1{ 1, 2, 3 }, v2{ 5, 6, 4 };

    cout << "v1 is : \t\t" << v1 << "v2 is : \t\t" << v2;
    cout << "v1 - v2 is : \t\t" << v1-v2;
    cout << "v1 - 1 is : \t\t" << v1 - 1;
    cout << "negative v1 is : \t" << - v1;

    return 0;
}
```

这段代码中重载了三个版本的符号“－”。前两个是作为双目运算符的减号：第一个是两个 vector 相减，第二个是 vector 减去整数。和普通的函数一样，运算符函数也是依靠参数的类型不同和数目不同来区分重载。第三个是单目运算符，它对 vector 中的每个元素取负。第四个函数重载了流输出符(<<)，这种符号一般第一个元素是一个 ostream 的引用，因为 iostream 不支持拷贝，所以只能用引用的方式传递参数，并且返回这个流对象的引用，否则 main 函数里的链式输出写法就会报错。

这段代码会产生下面的输出：

```
v1 is:              1     2     3
v2 is:              5     6     4
v1 - v2 is:         -4    -4    -1
v1 - 1 is:          0     1     2
negative v1 is:     -1    -2    -3
```

第二节　运算符重载的方法

一、算术运算符的重载

本节的多数示例是通过建设一个表示复数的类来展示的。复数类应该由两个基本的数据成员来表示实数部分和虚数部分，例如：

```
class complex
{
public:
    complex(): re(0), im(0) {}
    complex(double x, double y= 0):
        re(x), im(y) {}
    double getReal() const { return re; }
    double getImag() const { return im; }
private:
    double re;
    double im;
};
```

这是复数类的基本设施，它包括两个 double 型的数据成员和两个构造函数，一对 get 函数只读地返回成员变量。如果想要为这个复数类添加算术功能，就需要为这个类添加重载的运算符。目前我们接触到的算术运算符分为两种：一种是+、-、*、/、^、%等一类的运算符，这些运算符需要两个数值分别在两端，并且运算的结果是产生一个新值；另一种是类似于+=、-=、*=、/=、%=一类的运算符，这些运算符也需要两个数值，但是是直接修改符号左边的值，而非返回新值。通常将第一种运算符重载为类的非成员函数，第二种重载为类的成员函数。当然，对于一个复数类定义一个取余操作(%)或位异或操作(^)是没有意义的。所以重载运算符也要有所取舍。

下面的代码是以加法和除法为例，向复数类添加"operator+="和"operator /="两个成员函数：

```
public:
complex& operator+=(const complex& rhs)
{
    re += rhs.re;
    im += rhs.im;
    return *this;
}
complex& operator/=(const complex& rhs)
{
    double denominator = rhs.im * rhs.im + rhs.re * rhs.re;
    if (denominator == 0)
        return complex(0, 0);
    double r = (re * rhs.re + im * rhs.im) / denominator;
    double i = (im * rhs.re - re * rhs.im) / denominator;
```

```
    re = r; im = i;
    return *this;
}
```

需要注意的是,除法里面需要判断分母不是0,否则会进行异常输入的处理。有了这两个运算符作为基础,就可以在类外直接复用它们定义普通的加法和除法操作。例如:

```
//在类外定义
complex operator+(const complex& lhs, const complex& rhs)
{
    complex result = lhs;
    result += rhs;
    return result;
}
complex operator/(const complex& lhs, const complex& rhs)
{
    complex result = lhs;
    result /= rhs;
    return result;
}
```

这样不仅省去了定义运算内容的工作,而且可以有效地复用已经存在的代码。更重要的是,这样类外的“operator+”和“operator/”就不必访问类的私有数据成员 im 和 re,增加了数据的封装性。尽可能少地暴露类的实现细节,是类设计好坏的一个重要标志。注意:这几个运算符在类外都返回 complex 对象,在类内返回 complex&,这样可以连续调用例如 c1+c2+c3。

二、逻辑运算符的重载

复数不存在大于和小于的关系,但是存在相等和不相等的关系,所以可以重载“operator==”和“operator!=”。这种运算符显然不需要改变调用对象的状态,因此可以直接在类外定义。例如:

```
//在类外定义
bool operator==(const complex& lhs, const complex& rhs)
{
    return lhs.getImag() == rhs.getImag() &&
           lhs.getReal() == rhs.getReal();
}
```

```
bool operator!=(const complex& lhs, const complex& rhs)
{
    return !(lhs == rhs);
}
```

“operator!=”可以直接复用“operator==”的代码。一般来讲，如果一个类定义了“==”，则应该定义一个配套的“!=”。

三、流输入输出运算符重载

若想直接向 iostream 输入和输出内容，则应当重载“operator >>”和“operator <<”。这两个运算符都是以 istream 或 ostream 的引用作为第一个参数，因为流不允许拷贝，所以只能用引用的方式传递；以自定义类的对象作为第二个参数，并且返回值最好是第一个参数流的引用。下面举例说明重载输出运算符(<<)如何以 x+yi 的方式输出复数：

```
ostream& operator <<(ostream& os, const complex& c)
{
    os << c.getReal() << "+" << c.getImag() << "i";
    return os;
}
```

四、赋值运算符重载

一般地，编译器会为没有定义拷贝赋值函数和拷贝运算符的类定义默认的版本，它们会简单地在同类型的对象间将每个数据成员进行拷贝。对于我们的复数类，这种默认的版本已经足够使用，但是如果我们想定义更多的赋值接受的对象，就需要重载自定义版本。赋值运算符因为要改变对象内容，所以往往定义为成员的。例如，下面的“operator=”接受一个 double 类型的参数作为等号右边的值，并把它赋给实数部分：

```
complex& operator=(const double x)
{
    re = x;
    im = 0;
}
```

其实即便不定义这个版本的“operator=”，将一个 double 类型的值甚至一个 int 类型的值赋给一个 complex 都是可以编译的，因为我们定义的第二个构造函数的两个参数有一个有默认参数，所以这样的“complex c = 1.0”会把 1.0 作为构造函数的第一个参数，并且隐式地构造一个 complex(1.0, 0)，再执行默认的拷贝构造运算符函数。如果不想这种隐式转换发生，则需要在第二个构造函数的前面加上 explicit 关键字，阻止这种意料之外的转换。

需要注意的是，编译器所提供的默认版本的拷贝操作是浅层复制，也就是单纯复制每个对象的值，而像指针和引用这种间接访问类型则会产生意想不到的后果。例如一个类中有一个 int * 的指针，它会被某个函数的 new 产生的指针来赋值。这时如果使用默认的版本，就会复制这个指针的内容，也就是这两个对象的这个成员都指向同一个内存，改变一个会同步影响另外一个。如果不想产生这种联系，则应该定义自己定制的“operator=”进行深层复制。一般来讲，如果类中有引用或者指针成员，则需要自定义拷贝操作。

赋值运算符还需要注意的一个问题是处理自我赋值的情况，一般需要在程序的开头判断输出参数和 * this 是不是一个对象，如果是的话就直接返回，否则可能造成内存泄露。

对于某些类型，可能在设计的时候想要阻止某些复制操作。例如 ostream 对象就不可以复制，这时可以将“operator=”后面加上“=delete”，表示这个函数是被删除的。也可以把这个函数定义成 private 的，这样在类外进行拷贝就会因为没有权限而产生错误。

五、下标运算符重载

在设计一个管理数据的类时，为这个类定义一个下标运算符是理所当然的，这样就可以像访问一个数组一样使用 a[0]这样的形式访问第一个元素。例如，下面这个类管理固定的 10 个长度的 int 数组，它通过重载 operator[]来达到直接访问数组元素的目的。

```
class myArray
{
private:
    int* _data;
    size_t _size;
public:
    myArray(const size_t size): _size(size)
    {
        _data = new int[size];
    }
    ~myArray()
    {
        delete[] _data;
    }
    int& operator[](const size_t n)
    {
        return _data[n];
    }
};
```

这里的重载运算符[]直接转发给内置数组_data,并返回这个数组的第 n 个元素的引用。一般地,除非内部的数据结构是只读的,否则这里最好返回这个元素的引用,以便像“arr[0] =－1”一样修改这个元素。利用下标运算符重载,可以实现一个类似于 python 中数组切片的功能,也就是输入一个下标的范围,返回这个范围内的所有值。下例是在上述代码的类中添加重载 operator[]:

```
vector<int> operator[](pair< size_t, size_t> Range)
{
    if (Range.second <= Range.first || Range.second >= _size)
        return vector<int>();
    vector<int> result(_data + Range.first, _data + Range.second);
    return result;
}
```

像“vector<int> v = a[{1, 4}]”一样使用重载运算符,下标里的花括号和里面的值会自动转换为 pair 类型。输入参数是两个 size_t 的 pair,因为重载运算符[]只能接受一个参数,所以用这种方式传递两个数字。返回的 vector 里面的元素是由_data[Range. first]到_data[Range. second]的元素构成的。

六、调用运算符重载

对于一个重载了调用运算符()的类的对象实例,可以像调用一个函数那样调用它,例如:

```
struct funcStruct
{
    void operator()(int& x) const
    {
        x -= 1;
    }
};
```

对于一个整数,可以如下例一样来使用它:

```
int a = 1;
funcStruct fs;
fs(a);                              //现在 a 的值是 0
```

这种重载了调用运算符的类是我们所讲的第四类可调用对象。前三种分别是函数、函数指针和 lambda 表达式。

七、自增和自减运算符的重载

自增(++)和自减(−−)运算符是比较特殊的两个运算符,它们在数值的不同侧时表现出不同的特性。这为它们的重载带来了一定的困难,因为在两侧的版本都是接受一个参数,无法区分二者。于是C++语言设计者为后置版本的符号添加了一个无意义的参数int,这个参数仅仅用来区分运算符是前置的还是后置的,没有任何的实际含义。例如我们定义 complex 类的自增的前置和后置两个版本的运算符,这不符合复数的数学含义,只是为了演示这种重载的用法。

```
complex& operator ++()
{
    ++re; ++im;
    return * this;
}
complex operator ++(int)
{
    complex temp = * this;
    ++( * this);
    return temp;
}
```

注意:C++语言内置版本对于++运算符在两侧时的返回值不同,自定义的版本也应该是这种效果。第一个是前置版本,直接对数据操作后返回 * this 的引用。后置的版本实现需要一些技巧,首先需要在改变数据之前保存当前的状态,因为后置的++运算符需要返回更改之前的对象;然后可以直接调用前置的版本,再返回 temp 对象。第二个的输入参数多了一个 int,因为这个变量没有用处,实际使用时也不会赋值,所以不需要设置一个名字。注意:第一个版本返回的是一个 complex 的引用,而第二个返回的是对象的赋值,因为第二个的返回值是一个临时变量,它的作用域只有这三行代码,结束后这个 temp 就被销毁了,返回它的引用没有意义。

八、类型转换

C++语言允许定义一个类型转换运算符来将一个对象转换为另一个类的对象,它的格式和之前的重载函数名略有不同,是 operator type()。例如,如果我们想将 complex 转换为 double 类型,转换后的值是这个复数的模。

```
operator double()const
{
    return sqrt(re * re + im * im);
}
```

这样就可以使用 double(c1)来获取一个 double 类型的 c1 的模。C++语言一般不推荐使用这种类型转换的方式，因为它常常会引发难以预料且难以定位的错误。比如上面这种方式，就不如直接定义一个“double getModule()”的成员函数目的更加明确，而且不会用错。

九、总结

总的看来，运算符重载是很灵活的，熟练地掌握运算符重载的用法可以为类的设计添加丰富多彩的自定义功能。但是仍然有几点需要注意：

(1)本节第四、五、六小节介绍的运算符都只能作为类的成员函数，而且不能为静态的。其他的运算符基本上都可以作为成员函数，也可以在类外定义为非成员函数。总的原则是会改变对象内部状态的运算符要定义为成员的，运算后返回新的对象的可以定义为非成员的。

(2)如果非成员的运算符函数需要访问类的 private 成员，则可以将它们在类里声明为 friend 的。例如：

```
friend complex& operator *(const complex& lhs, const complex& rhs);
```

在运算符牵扯到大量的 private 成员时，采用上面定义“operator+”式的实现就会在拷贝对象上浪费大量的时间。

(3)重载运算符作为类的成员函数且返回 *this 的时候可以返回这个类的对象，也可以返回类的引用。最好返回引用类型，这样可以省去拷贝所消耗的时间和空间。

(4)如果类的构造函数只有一个参数，或除了一个参数其他的都提供了默认值，则应该在这个构造函数前增加 explicit 关键字，以免潜在的隐式类型转换所带来的错误。在多数情况下，显式的要优于隐式的。

(5)编译器会在缺省的情况下默默地做很多工作，包括设定默认的构造、拷贝赋值、移动赋值等操作。如果不想使用这些操作，就必须通过在这些函数声明后面加上“=delete”来显式地声明这个函数是删除的。

(6)所有的重载运算符都有两种调用方式：一种方式是我们前面展示的直接像内置类型和运算符一样使用它们，这种较常用。另外一种是像函数调用的方式，例如，complex 的加法可以采用“complex c3=operator+(c1, c2);”的方式调用；如果是成员函数，则可以采用“c1.operator+=(c2);”的方式调用。

◆**拓展阅读**：user-defined literal(用户定义字面量，ud literal)是一种特殊的运算符重载方式。它通过自定义字面量后缀的形式实现自定义的运算符。C++语言本身有几种内置的字面量后缀。例如，12.0 这个值默认会被当作 double 类型，而在后面添加一个 f，即 12.0f，则会转换成 float 类型。ud literal 的形式和其他运算符类似：

```
<return-type> operator"" _suffix(params...);
```

下面是几种常用的 ud literal 的用法：

```
long double operator"" _square(long double x)
{
    return x * x;
}
void operator"" _print(const char * str, size_t s)
{
    cout << str;
}
unsigned long long operator"" _km(unsigned long long m)
{
    return m / 1000;
}
complex operator"" _complex(long double x)
{
    return complex(x, 0);
}
```

下面是这四个后缀的调用方式：

```
long double a = 10.0_square;          //调用 operator"" _square(10.0)
auto distInKm = 100000_km;            // operator"" _km(100000)
"1234"_print;                         // operator"" _print(str, 5)
10.0_complex;                         // operator"" _complex(10.0)
```

习题十五

1. 下列运算符中，适合定义为类的成员函数的有(　　)，适合在类外定义的有(　　)。

A. operator&=　　　　B. operator==

C. operator()　　　　D. operator||

2. 设计一个类 Vector4，它是有四个 float 型元素的数组，并定义这个类的+、-、+=、-=等运算符，它们返回的 Vector4 是参数的对应元素进行运算的结果，* 符号返回两个 Vector4 的内积，定义 * 运算符。

3. 根据上面定义的 Vector4 设计一个 4×4 的矩阵类 Matrix4，定义矩阵间的+、-、* 等运算，并使用这些运算符定义一个 public 成员函数 transpose，它返回矩阵对象的转置矩阵。

4. 任选一种学过的 STL 容器，讲述你最想为它添加哪一种目前没有定义的运算符，并说明为什么。运算符可以在类内也可以在类外定义。

5. 标准库的 std::string 类提供了灵活的管理字符串的能力。现在请你实现一个类 myString,要求如下,斜体部分为挑战部分,可以有选择性地做:

(1)myString 可以动态生长。

(2)myString 支持一个默认构造函数,一个*接受const char * 的参数,第一个构建默认的对象,第二个可以把字符串常量指针的内容(以'\0'结尾)构造一个myString*,支持一个 size(),返回字符串长度,支持 push_back(const char c)来向字符串末尾添加字符,一个 pop_back()弹出最后一个字符。

(3)*支持拷贝构造运算符=,支持myString 对象间的拷贝,这种拷贝是深拷贝,即改变原来对象的内容,拷贝的对象不受影响。*

(4)支持运算符+,即将两个 myString 的内容合并成一个新的长的 myString。

(5)支持运算符==,判断两个 myString 的字符内容是否相同。

(6)支持运算符 *,第二个参数是一个 size_t 类型 N,即将一个字符串对象重复 N 次,构成一个长的字符串,返回这个长字符串。

第十六章　模板与异常

我们已经在第十章初步接触了模板，同样的名称可以根据模板参数的不同而实现针对不同类型的操作。模板是能够高效复用代码的工具，可以为可能使用的不同类型编写一套通用的代码，编译器会根据调用时的类型自动为这个类型生成合适的代码，节省了大量重复工作的时间。

本章第一节介绍函数模板。如果多个重载函数除了接受的类型不同，所执行的函数体大同小异，则可以将它们定义为模板函数。类似于函数参数，模板函数的类型列表也可以有默认参数。对于未显式实例化的模板函数，编译器会自动推导模板参数。

第二节介绍类模板。类模板主要应用于成员参数的类型可能有多种的情况，例如我们接触过的 STL 的模板容器。正是因为它们是类模板，所以才可以盛放不同类型的元素。

第三节介绍C++语言的异常处理机制。异常处理是一种通知使用者程序已经出现某种错误的方法。合理地运用异常处理，可以避免程序因为一些可以自动处理的错误而直接崩溃的情况。

第一节　函数模板

一、定义模板函数

假如你正在编写如下两个比较数字的函数：

```
bool compare(int a, int b)
{
    return a < b;
}
bool compare(double a, double b)
{
    return a < b;
}
```

这两个函数除了形参类型没有任何不同。如果还要比较 char、float、size_t 等类型，就需要把这段代码重复写多次。C++语言提供了一种简单易行的方式，可以一劳永逸地解决类似的问题，即函数模板。函数模板允许把变量的类型作为一种参数。编写它只需要在函数的开头声明类型的名称，其他的部分和写一个普通的函数没有区别。例如，对于上面的函数，可以定义下面的模板函数：

```
template <typename T>
bool compare(T a, T b)
{
    return a < b;
}
```

template 关键字表示下面的代码是一个模板，尖括号里面声明了函数里用到的类型名称，类型名称列表可以有多个类型，每个都以 typename 或 class 开头，它们之间也以逗号分隔。typename 和 class 都可以用来声明一个类型名，即使 T 不是类类型也没问题，二者几乎完全等价。

这里声明的 T 就是一种待推断的类型，在 compare 的形参列表里面直接使用 T 来声明形参的类型。这样在调用 compare(1, 2)时，编译器推断 T 为 int，并为 compare 生成一个 bool compare(int, int)版本，就像本节开头的普通函数的版本一样，这就是模板的实例化，也是模板函数和普通函数的区别。使用模板函数必须摈弃隐式转换的思想，例如 compare(1, 'a')这样的调用对于本节开头的普通版本函数是可行的，因为编译器会将'a'隐式地转换为整数。但是这样调用模板函数会得到一个错误，因为 1 告诉编译器 T 是 int，而'a'告诉编译器 T 是 char。

模板函数并不直接执行函数体的内容，它只根据类型推断的结果生成相应的实例化代码。在类型列表中除了使用 typename 声明类型名之外，还可以声明具体的参数。例如，将下面的代码传入一个任意类型的 vector 容器，并打印它的前 N 个元素。

```
template <typename T, size_t N>
void printFirstN(vector<T>& v)
{
    size_t n = min(N, v.size());
    for (size_t i = 0; i < n; ++i) {
        cout << v[i] << '\t';
    }
}
```

假如有一个 vector<int> v 中有 15 个元素，可以调用 printFirstN<int, 10>(v)，这会打印 v 的前 10 个元素。编译器可以推断出 T 是 int，却无从推断 N 的值，所以必须手动添加第二个模板参数。类似于函数的默认参数的情况，这时也必须将第一个参数的值填上。这是函数模板的显式实例化，对于编译器能够自动推断的情形也可以这样显式地提供自己的类型来取代自动推断。这种非类型参数只能是常量值，并且只能是整型(size_t 通常是被 typedef 的 unsinged long)，或绑定到静态变量的指针和引用类型。非类型参数允许指定默认值。一般在类型列表里面将编译器能够推导的类型写在后面，不能推导的写在前面，就像为函数提供默认参数一样。

编写模板函数时，可以假设使用这个模板的变量具有某些假定的性质。例如上面打印 vector 的代码，必须假定 v 里面的元素拥有"operator <<"的重载或内置类型，否则 for 循环内的语句将会产生错误。即使是最简单的 compare 的模板函数，也必须假定 T 类型定义了"operator <<"，否则调用就会产生错误。

二、模板函数的类型推断

compare 函数的类型推断是比较简单的，但是有的模板函数的类型推断会比较复杂。对模板函数的类型推断不熟悉则可能得到与期望相差甚远的结果。

当模板形参不带引用，即采用传值的形式时，所有的引用都会被忽略，即使调用函数的实参是引用类型，实际传入的也是值类型，并且所有的 const 特性都会被忽略掉。例如"template 〈typename T〉 void fun1(T a)"，而一个变量可能是"int x=0;"或" const int& rx=x;"。这样，无论是调用 fun1(x)还是 fun1(rx)，T 的类型都是 int，而非 int& 或 const int&。

当模板形参是引用类型时，编译器会在遇到调用时，先忽略实参的引用部分，然后再用去掉引用的实参类型来推断 T，如模板函数"template 〈typename T〉 void fun2(T& a)"，再使用上面的 x 和 rx 来调用这个模板函数。在推断 x 时，因为 x 本身不是引用，所以直接把 T 推断为 int，而 a 的类型就是 int&；对于 rx，编译器先忽略掉引用部分，rx 退化成 const int，然后忽略掉 const，T 被推断为 int，a 的类型为 int&。

有些模板参数在推导的过程中会产生退化，例如数组参数在推导后会退化成指向第一个元素的指针(在C++语言中这二者并非完全等价)，而传入一个函数，会被推导成一个函数指针。

三、模板函数的重载

模板函数也允许重载，可以为泛化的模板函数重载一个稍微特殊化的版本，来满足特殊的需求。模板函数的重载和其他函数相同，重载的版本必须拥有不同数量或类型的参数。也可以使用非模板函数重载模板函数，例如定义下面的字符串指针的 compare 版本。

```
template<>
bool compare<const char * >(const char * a, const char * b)
{
    return strcmp(a, b);
}
```

template〈〉表明这个函数是一个模板的特殊化，它的类型名在函数名后面的尖括号中给出。当它和上面模板的 compare 在一起时,使用字符串指针来调用 compare 就会直接调用这个版本的函数。调用模板函数重载的版本时的选择也和普通函数的相同,编译器总是优先调用最适合的版本,有符合的特殊化版本则不会调用泛化的版本。所以一般来讲,非模板函数比模板函数有更高的优先级。

四、示例代码

下面的代码演示一些模板函数的用法:

```
#include <iostream>
#include <vector>
#include <numeric>
#include <algorithm>
using namespace std;

//可以不提供N,可以根据数组的大小推断N
template <typename T, size_t N>
void printArray(const T(&arr)[N])
{
   for (size_t i = 0; i < N; ++i)
       cout << arr[i] << '\t';
}

//必须提供N,无法由指针推断N
template <typename T, size_t N>
void printArray2(const T arr[N])
{
   for (size_t i = 0; i < N; ++i)
       cout << arr[i] << '\t';
}

//必须提供U,编译器没有信息推断U
template <typename U, typename T>
U add(T a, T b)
{
   return a + b;
}

//可以不提供U,由b的类型推导出U
template <typename T, typename U>
```

```
U add2(T a, U b)
{
    return a + b;
}
int main()
{
    int arr[5] = { 1, 2, 3, 4, 5 };
    printArray(arr);
    cout << endl;
    // printArray2(arr);             //错误,没有提供 N
    printArray2<int, 5>(arr);
    cout << endl;

    double a = 1.0;
    double b = 2.0;
    // cout << add(a, b) << endl; //错误,没有提供 U 的类型
    cout << add<double>(a, b) << endl;
    cout << add2(a, b) << endl;

    return 0;
}
```

要注意这两个依次打印一个数组元素的功能的实现之间的差异。printArray 有两个版本:第一个版本的形参是一个数组的引用,编译器在遇到调用时就会根据数组的大小推断出 N,因此不需要提供这个参数;但是对于 printArray2,虽然看上去 arr 也是一个数组,但是编译器在推断它的类型时就把数组退化成了指针,因此无法获取 N 的信息。对于 add 的两个版本,第一个 U 除了作为返回值的类型,没有其他的必然信息和 U 相关联,因此编译器对推断 U 的类型并无头绪,需要调用时提供。第二个版本在推断参数 b 时就已经知道了 U 的类型,因此不需要再提供。

这段代码会产生下面的输出:

```
1       2       3       4       5
1       2       3       4       5
3
3
```

第二节　类模板

一、模板类的编写

在第十章的习题中我们设计过一个专门用来放置 int 类型的 myVector 类，现在如果有新题目要求编写一个功能类似，但是元素是 double 类型的 myVector_double 类，将之前的代码复制出来，再把和 int 相关的类型改成 double 就完成了。但是C++语言提供了一种更为简洁的方法，那就是类模板。

和第一节中的函数模板一样，类模板也是泛型编程的一部分。模板类的编写也和模板函数类似。下面是一个模板类的示例：

```
template <typename T>
class myVector
{
private:
    T * _data;
    size_t _size;
public:
    myVector(): _data(nullptr), _size(0) {}
    explicit myVector(const size_t n): _size(n), _data(new T[n]) {}
    myVector(const size_t n, const T& x): _size(n), _data(new T[n])
    {
        for (size_t i = 0; i < _size; ++i)
            _data[i] = x;
    }
    myVector(const myVector& vec)
    {
        _size = vec._size;
        _data = new T[_size];
        //将 vec 的_data 的内容复制过来
        memcpy_s(_data, _size, vec._data, _size);
    }
    ~myVector() {
        if (_data != nullptr)
            delete[] _data;
    }
};
```

如上所述，编写一个模板类所做的工作并不比编写一个非模板类的多很多。与模板函数不同的是，声明一个模板类必须提供类型列表中所有类的名称，即 myVector〈int〉v 是合法的，而 myVector v(10, 2)这种构造方式看似可以根据 2 推断出 T 是 int，但是编译器不会这么做，因为其他的构造方式无法提供 T 的信息。

在类的内部使用 myVector 的名称时可以省略后面的〈T〉。不同于函数模板，类模板不允许重载。也就是说，在已经定义了上面的模板化 myVector 后再定义一个非模板的普通 myVector 是错误的。类模板的类型列表和函数模板一样，也允许提供默认参数和整数类型。例如，我们已经学过的 std::array 的模板参数有两个：一个为元素类型，一个为整型常量表示容器大小。

二、模板类的实例化

模板类的有些成员函数可能会在类中声明后在类外进行实现，和普通的类成员函数不同，模板类成员函数在类外实现需要注明模板类的类型列表。例如，要在类外实现 myVector 的 push_back，定义方式如下：

```
template <typename T>
void myVector<T>::push_back(T& x)
{
    /* do something */
}
```

另外一点和普通的类不同的是，模板类不支持常规的分离式编译，也即将类的数据成员和成员函数都在一个头文件中声明，而在另一个 cpp 文件中编写这些成员函数的实现。但是模板类这样编写的话会引发链接错误，因为编译器无法找到相应的 cpp 实现文件，可以通过#include 实现的 cpp 文件来解决这个问题。

模板类也允许继承，可以从一个模板类继承出一个模板类，也可以从一个非模板类继承出一个模板类。例如：

```
template <typename T>
class base {};
template <typename T>
class derive: public base<T> {};
```

指定继承的基类的类型参数可以保证继承类的工作正常进行，不指定这个参数也是允许的。

三、模板类的偏特化

模板类不同于模板函数的另一个特性是模板类允许偏特化(partial specialization)，即将一部分类型参数特殊化，形成针对某些特定类型的模板类。比如以下是一个模板类的族，下面的模板类都是第一个的偏特化：

```
// 1
template <typename T, int N>
class example {};
// 2
template <typename T, int N>
class example <T * , N> {};
// 3
template <int N>
class example <int, N> {};
// 4
template <typename T>
class example <T, 5> {};
// 5
template <>
class example <int, 5> {};
```

第一个类是原始的正常的模板类，第二个类将第一个类的模板参数特化为指针类型，如果使用者提供的第一个参数是任意的指针，则编译器会优先选择这个类，因此可以在这个类内做一些针对指针的操作。STL 在实现 iterator 类时使用了这种技巧。第三个类将 T 特化为 int，是一个针对 int 的模板。第四个类将 N 特化为 5，可以针对 N 为 5 时的模板做一些操作。最后一个类将 T 和 N 都特化了，这是一个全特化模板，template<> 仅仅用来表示这是一个模板类。需要注意的是，这种特化不同于继承，特化版本里面的所有代码也需要从头写起。

四、示例代码

在编写一个模板类时可以考虑先编写一个非模板类，然后再将其改编成模板类，其中有一些细节需要完善。有时，模板类还需要针对 C 语言风格的字符串指针和数组来做一些特殊化的优化。例如：

```
#include <iostream>
#include <vector>
using namespace std;

template <typename T, size_t N>
class container
{
private:
    T * _data = new T[N];
```

```
    size_t _size = N;
public:
    container() = default;
    ~container() { delete[] _data; }

    T& operator[](const size_t n)
    {
        return _data[n];
    }
    size_t find(const T& x);

    //模板类中的一个模板函数
    template <typename C>
    void convertToStl(C& stlContainer)
    {
        // 将 data 中的数据构造一个 stl 容器
        stlContainer = C(_data, _data + _size);
    }
};
//在类外定义成员函数需要写出模板参数
template <typename T, size_t N>
size_t container<T, N>::find(const T& x)
{
    for (size_t i = 0; i < _size; ++i)
        if (_data[i] == x) {
            return i;
        }
    return _size;
}

//为 int 类型特化出的模板
template <size_t N>
class container<int, N>
{
private:
    int * _data = new int[N];
    size_t _size = N;
```

```
public:
    container() = default;
    ~container() { delete[] _data; }

    T& operator[](const size_t n)
    {
        return _data[n];
    }
    container& operator+=(const container& rhs)
    {
        if (_size == rhs._size)
            for (size_t i = 0; i < _size; ++i)
                _data[i] += rhs._data[i];
        return *this;
        }
};
int main()
{
    container <int, 5> cont1, cont2;
    for (int i = 0; i < 5; ++i) {
        cont1[i] = i;
        cont2[i] = i * i;
    }
    cont1 += cont2;                 //可行,int 偏特化版本有+=运算符
    container <float, 3> cont3, cont4;
    for (int i = 0; i < 3; ++i) {
        cont3[i] = i;
        cont4[i] = float(i) / 2;
    }
    size_t pos = cont3.find(2);
    // cont1.find(2);               //错误,int 偏特化版本没有 find 成员
    // cont3 += cont4;              //错误,普通模板没有+=运算符

    vector <float> v;
    cont3.convertToStl(v);          //现在 v 是{ 1.0, 2.0, 3.0 }

    return 0;
}
```

上述代码中，第一个模板类是一个普适的容器，具有重载的下标运算符和 find 成员。convertToStl 是一个模板类中的模板成员函数，我们希望用这个函数把_data 中的数据转换为一个 STL 容器，包括 vector、list、deque 等，所以将这个函数定义为模板。第二个类是对 container 的 int 偏特化，实际上是一个 int 的动态数组，我们为它定义了"+="运算符。要注意模板类的普通版本和偏特化版本之间不是继承的关系，偏特化之后的版本必须从头定义整个类的内容。

第三节　异常处理

一、异常处理概览

假设在设计 myVector 类时，在类中定义了一个大小为 N 的动态数组来存储数据，一个整型变量 size 来存储容器大小。在重载下标运算符[]时，如果这个容器的使用者传入的下标大于 size 或者传入了一个负数，若不加以处理则会产生未定义错误。C++语言默认的处理错误的方式是终止程序运行。若不希望在运行中途因为下标越界而终止程序，这就需要程序告知使用者传入的参数不正确，交给使用者处理并提供合理的下标。一种方法是把错误输出到 std::cerr 上，例如：

```
if (index > size || index < 0)
    cerr << "Wrong index!!!" << endl;
```

这种做法并不推荐，首先它会在屏幕上输出额外的信息，这可能是使用者意料之外的；另外，有些程序的运行环境根本没有屏幕来获得这些信息。C 语言的做法是让程序返回一个合法值，但是通过设置一个全局变量 errno 来让整个程序处于一种不合法状态，程序通过检测 errno 并处理来解决这个问题。另一种方法是返回一个 FLAG 值，例如在类头文件中定义一个常量"const int INVALID_INDEX_FLAG=－1;"，下标错误时不返回元素值而是返回这个特定值。但是这种方法增加了程序复杂度，使用者每进行一次下标操作就得判断一次返回值是不是合法的。另外，如果容器中恰好有一个元素是这个常数值就会造成误判。对于一些比较致命的错误，例如堆栈溢出等，可以直接调用 exit 函数让程序直接中断，但是这种方法不可能用在下标越界这种小型错误上。上面提到的多种方法都有自己的应用环境，在某些情况下可以作为解决方案。与此同时，C++语言为我们提供了一种更加强力的工具，即异常(exception)。

异常相关的类定义在 exception 头文件中。通过 throw 语句可以抛出一个异常，异常抛出后会沿着调用栈向上递归，直到找到能够处理的语句。通过 try-catch 语句可以检测并处理异常。下面是使用 vector 的 at 方法时一个下标越界的异常示例。at 方法类似于下标运算，接受一个整型参数，返回这个位置的元素。直接用下标运算符[]不会产生异常，它使用 aseert 来检查参数。

```
vector<int> v(4);//大小为 4 的 vector
try {
    v.at[10];
}
catch (out_of_range e){
    cout << e.what() << endl;
}
```

try 语句的代码块中放置有可能会产生异常的代码，这里是对 v 调用 at。对于可能会产生的异常，用 catch 来捕获，catch 后面的括号中说明了想要捕获的异常类型是 out_of_range，这是一种内置的异常类型，主要用于下标越界。每一个异常的对象都定义有一个虚函数 what，它返回一个 C 语言风格的字符串，可以用来描述异常的细节。例如，上面的代码会输出 invalid vector subscript。如果这里 catch 的异常不是 out_of_range的，则会直接跳过它，沿着调用栈再向上寻找。

如果想要捕获所有的异常，可以使用 catch(...)的方式，这种捕获方式一般在处理后会再加一条“throw;”来重新抛出异常。一个 try 代码块后可以有多个 catch 语句关联，来处理不同种类的异常。不同于有些编程语言，C++语言不支持 finally 代码块。

二、栈展开

假设我们正在执行下面的函数链：

```
void f1() { throw invalid_argument("test"); }
void f2() { f1(); }
void f3() { f2(); }
void f4() { f3(); }
```

在 main 函数中处理异常的代码如下：

```
try {
    f4();
}
catch (exception& e) {
    cout << e.what();
}
```

main 函数调用 f4，f4 再逐级调用到 f1，f1 中引发了一个异常。异常引发后立即寻找本身所在的作用域中有没有 try 语句来处理，没找到后向上递归寻找，发现 f2 中也没有能处理异常的语句。这样逐级沿着调用链向上寻找直到在 main 中找到了 try 语句，在对应的 catch 代码块中进行处理。这个过程称为栈展开。如果到调用的尽头都没有找到异常处理的代码，异常就会直接中断程序的运行。要注意 catch 中捕获的是 exception 的引用,因为所有的异常都是 exception 的派生类,这是一种多态的应用。

在栈展开的过程中,所有路径上的局部对象都会被销毁,就像遇到一个 return 语句那样。

三、异常类层次

所有的异常都是继承自 std::exception 的子类,常用的异常类的层次如表 16.1 所示。

表 16.1　exception 的派生类概览

一级子类	二级子类	抛出函数	描述
logic error	invalid_argument	stoi/stof	不接受的函数参数
	length_error	vector. reverse	超出长度限制
	out_of_range	vector. at	内存越界
runtime error	range_error	from_bytes	计算结果无法表示
	overflow_error	to_ulong	结果溢出错误
bad_alloc			分配内存失败
bad_cast		dynamic_cast	类型转化失败

exception 的声明如下:

```
class exception {
public:
    exception() noexcept;
    exception(const exception&) noexcept;
    exception& operator=(const exception&) noexcept;
    virtual ~exception();
    virtual const char * what() const noexcept;
};
```

可以看到,exception 支持拷贝赋值,有一个虚函数 what。

四、自定义异常

类 exception 设计为可以继承的,意味着可以根据自己的项目情况派生自定义的异常类型。例如,我们要定义一个计算自然对数的函数,当输入参数小于等于 0 时,会抛出一个 log_negative_argument 的异常。

```
class log_negative_argument: public invalid_argument
{
public:
    explicit log_negative_argument(const string& s):
        invalid_argument(s) {}
};
```

自定义异常直接继承 invalid_argument，构造函数接受一个 std::string 类型作为异常的描述。这时 myLog 函数就可以采取如下的定义方式：

```
float myLog(const float a)
{
    if (a <= 0)
        throw log_negative_argument("negative argument");
    /* do some calculation */
}
```

这样在调用时就可以捕获这个异常：

```
try {
    myLog(-1);
}
catch (exception& e)
{
    cout << e.what();
}
```

五、noexcept 介绍

noexcept 是C++11 引进的关键字，你可以用它来修饰一个函数，即向编译器承诺这个函数不会抛出异常。这个声明可以使编译器生成更加高效的代码，因此确定不会抛出异常的函数应该尽可能地使用这个关键字。例如：

```
int NeverExcept() noexcept
{
    int a=1, b=1;
    return a + b;
}
```

◆**拓展阅读**：断言(assert)实际上是一个定义在 cassert 头文件中的一个宏。可以像用一个函数一样用 assert，它提供在 debug 模式下检测一些条件的能力。在 release 模式下会自动忽略 assert。用断言来实现上面的 myLog 可以这样来做：

```
float myLog(const float a)
{
    assert(a > 0);
    /* do some calculation */
}
```

在 Visual Studio 中使用 myLog(－1)来调用它可能会输出：

```
Assertion failed: a > 0, file D:\Document\code16-3\main.cpp, line 16
```

习题十六

1. 类模板和继承都是可以实现代码复用和逻辑抽象的重要手段，请你说明这两种方式分别适用于什么情况。

2. 通过查资料和自己动手实验了解在构造和析构函数中抛出异常会导致什么后果，并解释它们的原因。

3. 编写一个类 myInt，它和普通的 32 位整数的行为一样，拥有加减乘除四则运算，但是在溢出时，例如将 2^{32} 赋给它时会抛出一个 overflow_error 或其派生类的异常。

4. 如果需要编写一个函数计算两个整数的和，下面两个函数都可以做到：

```
int add(int a, int b)
{
    return a + b;
}

template <int a, int b>
int add()
{
    return a + b;
}
```

请你通过实践和思考，回答这两种方法有哪些不同。

5. 通过类的偏特化特性，编写一个模板函数(非类成员)，它接受两个同类型的参数，它们可能是 int 的,也可能是 float 的。如果是 int 的,就返回二者的和;如果是 float 的,则返回二者的积。

6.将你在第十章编写的 myVector 类改编成模板类,并总结从普通类改编成模板类需要做哪些事。

参考答案

习题一

1.机器语言　汇编语言　　高级语言

2.面向计算　面向过程　　面向对象

3.如标准io库(stdio.h)提供的库函数printf函数:int printf(const char * format,...),可以发送格式化输出到标准输出stdout。

4.如Java、C#、C++、Python、PHP、Smalltalk等。

5.软件是包含程序的有机集合体,程序是软件的必要元素。任何软件都至少有一个可运行的程序。严格来说,程序是指用编程语言编制的完成特定功能的软件。程序从属于软件。

6.结构化程序设计的基本思想是采用"自顶向下,逐步求精"的程序设计方法和"单入口、单出口"的控制结构。

7. C++标准库可以分为两部分:

(1)标准函数库:这个库是由通用的、独立的、不属于任何类的函数组成的。函数库继承自C语言。

(2)面向对象类库:这个库是类及其相关函数的集合。

8. 面向对象程序设计的三大特性是封装、继承和抽象。

习题二

1.系统不同答案不同,典型情况最大值为 $2^{32}-1$,最小值为 -2^{32}。

2～4. 略

习题三

1～5. 略

习题四

1. 错误,答案略　　2～6. 略

习题五

1. C　　2. A　A

3. 指针和引用的共同点是它们都可以间接地操作对象，不同点是指针本身也是变量，拥有自己的内存空间，但是引用只是对象的别名。对指针赋值和更改，改变的都是指针对象的值，而引用则是改变原有对象的值。

4. 略

习题六

略

习题七

1. 函数的形参是局部作用域。函数的形参是函数定义时给出的参数，在函数未调用之前没有实际的值，且只在函数中可以使用。函数的实参是函数调用时给函数传递的实际参数，必须是一个确定的值。

2.传地址调用和引用调用时，形参发生改变会改变实参的值。传值调用就是调用函数时实参将数值传入到形参，形参发生改变时，不会影响到实参的值。传地址调用就是调用函数时实参将地址值传入到形参，形参发生改变时，会影响到实参的值。

3.在代码块内说明的标识符，只能在该块内引用，即其作用域在该块内，开始于标识符的说明处，结束于块的结尾处，我们称之为块作用域。在函数内或复合语句内部定义的变量，其作用域是从定义的位置起到函数体或复合语句的结束，我们称之为函数作用域。在函数外定义的变量称为全局变量，全局变量的作用域称为文件作用域，即在整个文件中都是可以访问的。

4～6. 略

习题八

1. C　2. C

3. public　private　protected　公有的函数成员　类的接口

4. Result1＝220
　Result2＝221
　Result3＝150

5～6. 略

习题九

1.(1)错。构造函数时，系统在创建对象是自动调用的。

(2)对。

(3)错。析构函数不允许重载。

(4)错。new 运算符开辟的存储空间需要用 delete 释放。

(5)对。

2.默认构造函数的形式为“Date::Date(){ }”,默认析构函数的形式为“Date::~Date(){ }”,this指针的形式为“Date * this”。

3.(1)错。构造函数不能指定函数返回值的类型,也不能指定为void类型。

(2)错。主程序中的对象不可以同时调用两个构造函数。

(3)错。已定义构造函数的类不会再产生默认的构造函数,主程序中对象没有可以调用的构造函数。

4.调用缺省的构造函数

Now is 12:00

调用非缺省的构造函数

Now is 8:05

退出主函数

调用析构函数

调用析构函数

5.对类类型的数据成员进行初始化。

6.略

习题十

1. A C 2. B A

3. 以插入排序为例:最差的情况即数组的元素全部为倒序排列的。这时,对于数组的第一个元素,不需要任何操作;对于第二个元素,则需要将第一个元素后移,并插入到第一个元素的位置;对于第三个元素,则需要将前两个元素后移,插入到第一个元素的位置。以此类推,对于一共有n个元素的数组,一共需要操作的次数是$1+2+3+\cdots+(n-1)$。根据求和公式,上式的结果为$n(n-1)/2$。最高项是n^2,所以此时的复杂度是$O(n^2)$。

4~6. 略

习题十一

1. B 2. C 3. 错误 4. (1)和(3)不正确,原因略。 5~6. 略

习题十二

1. B 2. D 3. B 4. 略

习题十三

1. AC 2. 略(言之有理即可)

3. 在构造函数中调用virtual函数会调用在继承层次中更基类部分的类的版本,而不会调用自身的虚函数;析构函数调用虚函数和普通函数的行为一样。原因略。

4. 略

习题十四

1～2. 略　　3. 略(言之有理即可)　4. 略

习题十五

1. AC　BD　2～5. 略

习题十六

1. 一般模板用于对于不同类型的通用操作的抽象，类模板是用于生成代码的代码，而继承是一种更加针对特定类型的技巧。

2. 一般在构造函数中出现异常时推荐直接抛出异常来解决问题，因为其他的技术都或多或少地存在缺陷。但是在析构函数中应该永远不抛出异常，因为析构函数抛出异常会导致栈展开，栈展开过程中所有的临时对象都将被销毁，如果销毁的过程中又抛出了异常，此时程序无法决定展开到哪个 catch 块能解决。

3. 略

4. 主要的不同是模板函数是在编译期完成特例化的，生成的函数代码只计算特定的 a 和 b 的结果，而前者则可以计算所有合法的整数 a 和 b。

5～6. 略

本书编程题目的答案可从网站(https://github.com/rehabsdu/CppBasicAnswer)上免费获取。

参考文献

[1]本贾尼·斯特劳斯特卢普. C++程序设计语言[M]. 裘宗燕,译. 北京:机械工业出版社,2010.

[2]斯坦利·李普曼,约瑟·拉乔伊,芭芭拉·默. C++ Primer(中文版)[M]. 5 版. 王刚,杨巨峰,译. 北京:电子工业出版社,2013.

[3]斯科特·迈耶. Effctive C++(评注版)——改善程序与设计的 55 个具体做法[M]. 3 版. 侯捷,译. 北京:电子工业出版社,2011.

[4]托马斯·科尔曼,查尔斯·雷瑟尔森,罗纳德·李维斯特,等. 算法导论[M]. 2 版. 潘金贵,顾铁成,李成法等,译. 北京:机械工业出版社,2006.

[5] Michael Wong,IBM XL 编译器中国开发团队. 深入理解C++11:C++ 11 新特性解析与应用[M]. 北京:机械工业出版社,2013.

[6]兰德尔·E. 布莱恩特,大卫·R. 奥哈拉伦. 深入理解计算机系统[M]. 2 版. 龚奕利,雷迎春,译. 北京:机械工业出版社,2011.

[7]谭玉波. C++从入门到精通[M]. 北京:人民邮电出版社,2019.

[8]王学颖,黄淑伟,李晖. C++ 程序设计基础教程[M]. 北京:清华大学出版社,2019.

[9]邵兰洁,马睿. C++面向对象程序设计[M]. 2 版. 北京:清华大学出版社,2020.

[10]吕凤翥. C++语言程序设计[M]. 北京:电子工业出版社,2018.

[11]白忠建. C++程序设计:现代方法[M]. 北京:人民邮电出版社,2019.

[12]伊凡·库奇. C++函数式编程[M]. 程继洪,孙玉梅,娄山佑,译. 北京:机械工业出版社,2020.

[13]周霭如,林伟健. C++程序设计基础[M]. 北京:电子工业出版社,2016.

[14]本贾尼·斯特劳斯特卢普. C++语言导学[M]. 2 版. 王刚,译. 北京:机械工业出版社,2019.

[15]谭浩强. C++程序设计[M]. 北京:清华大学出版社,2015.

[16]沃尔特·萨维奇. C++ 入门经典[M]. 10 版. 周靖,译. 北京:清华大学出版社,2018.

[17]斯坦利 • 李普曼. Essential C++(中文版)[M]. 侯捷，译. 北京：电子工业出版社，2013.

[18]肯尼斯 • 里克. C 和指针[M]. 徐波，译. 北京：人民邮电出版社，2008.

[19]陈恒鑫，熊壮，杨广超，等. C++程序设计[M]. 重庆：重庆大学出版社，2016.

[20]刘志铭，李贺，高茹. Visual C++程序开发范例宝典[M]. 北京：人民邮电出版社，2015.

[21]汤亚玲，胡增涛，汪军，等. C++ 语言程序设计[M]. 北京：人民邮电出版社，2016.

[22]张琨，张宏，朱保平. 数据结构与算法分析[M]. 北京：人民邮电出版社，2016.

[23]邵荣. C++程序设计[M]. 北京：清华大学出版社，2018.

[24]陈良乔. 我的第一本C++书[M]. 武汉：华中科技大学出版社，2011.

[25]黄永才. Visual C++程序设计[M]. 北京：清华大学出版社，2017.

[26]郑家瑜. 精通C++范例教程[M]. 北京：中国青年出版社，2001.

[27]翁惠玉. C++程序设计：思想与方法[M]. 北京：人民邮电出版社，2008.

[28]刘启明. C++语言程序设计[M]. 北京：清华大学出版社，2015.

[29]吴文虎，王鸿磊，张雪松. 程序设计基础[M]. 北京：清华大学出版社，2011.

[30]瑞克 • 莫瑟. C++程序设计[M]. 凌杰，译. 北京：人民邮电出版社，2019.

[31]姚娟，汪毅. C++语言程序设计[M]. 北京：科学出版社，2018.

[32]艾佛 • 霍尔顿，彼得 • 范维尔特. C++17 入门经典[M]. 卢旭红，张骏温，译. 北京：清华大学出版社，2019.

[33]李红，吴粉侠. C++程序设计案例教程[M]. 北京：科学出版社，2019.

[34]朱红，赵琦，王庆宝. C++程序设计教程[M]. 北京：清华大学出版社，2019.

[35]白忠建. C++程序设计与实践[M]. 北京：机械工业出版社，2016.

[36]刘春茂，李琪. C++程序开发案例课堂[M]. 北京：清华大学出版社，2019.